ZEITSCHRIFT FÜR ANGEWANDTE GEOLOGIE

HERAUSGEGEBEN VOM
ZENTRALEN GEOLOGISCHEN INSTITUT
IM AUFTRAG DES
STAATSSEKRETARIATS FÜR GEOLOGIE

AUS DEM INHALT

AKADEMIE-VERLAG · BERLIN

BAND 18 / HEFT 4
APRIL 1972
SEITE 145–192

PREIS: 6,– M
Sonderpreis DDR: 2,– M

Die ZEITSCHRIFT FÜR ANGEWANDTE GEOLOGIE berichtet ständig über folgende Arbeitsgebiete: Geologische Grundlagenforschung und Lagerstättenforschung / Methodik der geologischen Erkundung / Ökonomie und Planung der geologischen Erkundung / Technik der geologischen Erkundung / Geologie und Lagerstättenkunde im Ausland. In der Zeitschrift können alle strittigen Fragen der praktischen Geologie behandelt werden. Die Autoren übernehmen für ihre Aufsätze die übliche Verantwortung.

ZEITSCHRIFT FÜR ANGEWANDTE GEOLOGIE

Träger der Ehrennadel in Gold
der Gesellschaft
für Deutsch-Sowjetische Freundschaft

BAND 18 · APRIL 1972 · HEFT 4

Zur räumlichen Beziehung zwischen Graniten und Apliten

PETER OSSENKOPF, Freiberg (Sa.)

(Mitteilung Nr. 313 aus dem VEB Geologische Forschung und Erkundung Halle, Betriebsteil Freiberg)

1. Einleitung

Die Rolle des Granits als Erzlieferant ist schon oft betont worden. Besonders bei den Arbeiten auf Zinn in den letzten Jahren wurde eine deutliche Verbindung zwischen den endogenen Zinnvererzungen und dem Auftreten von Granit gefunden (TISCHENDORF 1969). Auch für andere metallogenetische Arbeiten sowie für strukturelle Untersuchungen dürfte die Kenntnis von der Lage der Granitoberfläche in verschiedenen Gebieten von Bedeutung sein. Durch TISCHENDORF u. a. (1965) wurde eine Granitoberflächenkarte des Erzgebirges vorgelegt, die neben den Oberflächenaufschlüssen vor allem Bohrergebnisse und gravimetrische Ergebnisse verwertete. In verschiedenen Fällen ist es jedoch erforderlich, für kleinere Gebiete, in denen keine oder keine eindeutig verwertbaren geophysikalischen Ergebnisse vorliegen und auch keine Bohrungen oder sonstigen Aufschlüsse den Granit erreichten, die detaillierte Granitoberflächenlage zu bestimmen.

Vorliegende Studie soll als Hilfsmittel dienen, mittels der Aplittrümerverbreitung Granitteufenlagen bis etwa 200 m unter Gelände zu erkennen.

Es muß allerdings betont werden, daß die Erfahrungen ausschließlich im Erzgebirge und dort vor allem in den metamorphen Gesteinsserien (Phyllit, Glimmerschiefer, Gneis) und nur in geringem Umfang im magmatischen Gestein (Granitporphyr) gewonnen wurden. Die Übertragung der Ergebnisse in andere Gebiete ist daher in jedem Fall kritisch zu prüfen.

2. Auswertungsgrundlagen

Im engen genetischen Zusammenhang mit der Granitintrusion bilden sich Granitapophysen und Aplitgänge. Es ist bekannt, daß diese Gesteinsgänge aureolenartig die Granitkuppen umgeben, jedoch existieren bisher nur wenige Angaben über die allgemein zu erwartende Reichweite der Gangaureole über dem Granit.

Es ist verständlich, daß die Ausbildung der Aplit- und Granitgänge im Exokontakt der Granitintrusionen durch verschiedene tektonische Bedingungen, unterschiedliche Nebengesteine (Klüftbarkeit, Schieferungsrichtung, Regelung der Minerale), die Granitintrusionsgröße (Temperaturwirkung) usw. in im einzelnen noch nicht meßbarer Weise beeinflußt wird. Im Rahmen dieser kurzen Auswertung bestand auch keine Möglichkeit, diese Einflüsse näher zu untersuchen. Jedoch erschien es nützlich, allein aus statistischer Sicht das Problem zu betrachten.

Es werden wissentlich die Aplit- und Granitgänge und -trümer gemeinsam ausgewertet, da durch viele Bearbeiter in der Vergangenheit keine Unterschiede zwischen diesen beiden Gangtypen gemacht wurden. Außerdem ist aus den vielen Schichtenverzeichnissen älterer Bohrungen und anderem Material nicht ersichtlich, inwieweit die Trümer altersverschieden sind. Es wird jedoch angenommen, daß sie sich syn- bis postgranitisch bildeten und ursächlich mit dem jeweiligen Granitkörper verbunden sind. Im folgenden soll allgemein von Aplittrümern gesprochen werden, wobei darunter die Gänge und Trümer mit Granit- und Aplitinhalt verschiedener Mächtigkeiten und auch solche, die bereits vergreist sind, verstanden sein sollen.

Für vorliegende Arbeit wurden 70 Schichtenverzeichnisse von Bohrungen aus Berichten des VEB Geologische Forschung und Erkundung Halle, Betriebsteil Freiberg, verarbeitet. Von diesen 70 ausgewählten Bohrungen hatten 37 Bohrungen Aplittrümer und den Granit, 14 Bohrungen nur den Granit ohne darüberliegende Aplittrümer und 19 Bohrungen lediglich Aplittrümer, aber keine dazugehörigen Granitkörper angetroffen. Von den 37 Bohrungen, die den Granit und Aplittrümer erbohrten und die Grundlage der Betrachtungen sind, entfallen auf das Osterzgebirge 10, auf das Mittelerzgebirge 17 und auf das Westerzgebirge ebenfalls 10 Tiefbohrungen. Sie umfassen ca. 10100 m Gesamtbohrlänge im Nebengestein der Granite, das sind im Durchschnitt etwa 275 m durchbohrtes Gestein vor dem Erreichen des Granits.

3. Zur räumlichen Verteilung der Aplittrümer

Die Verteilung von 240 Aplittrümern über Granitkörpern zeigen die Abb. 1 und 2. Es wird darin deutlich, daß die Trümer vom Granitkontakt ausgehend über einen Bereich von 240 m streuen. Im metamorphen Nebengestein treten bis zu 190 m vertikaler Ent-

Eingang des Manuskripts in der Redaktion: 28. 7. 1971.

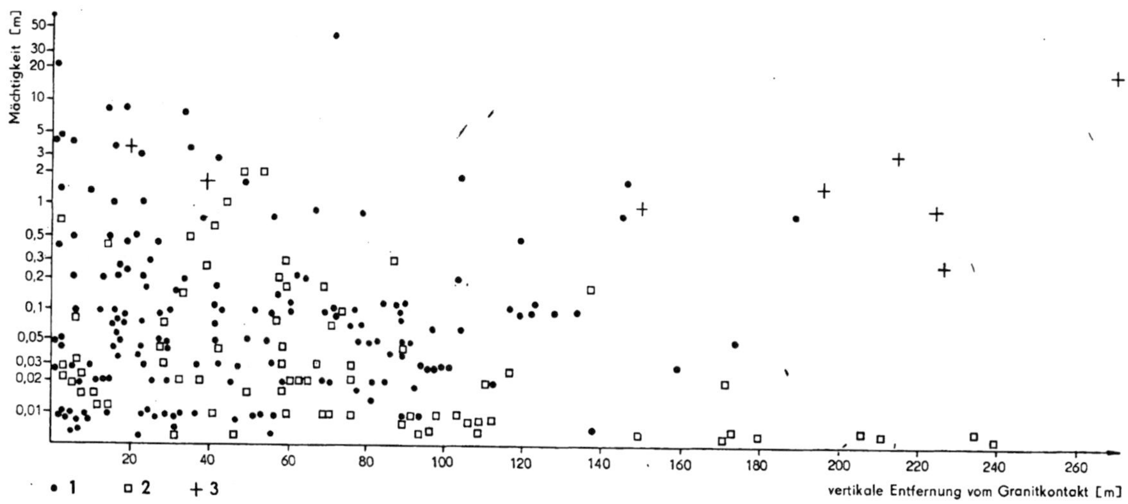

Abb. 1. Verteilung der Aplittrümer in Abhängigkeit von Mächtigkeit und vertikaler Entfernung vom Granitkontakt
1 — Aplittrümer im metamorphen Nebengestein, 2 — im Altenberger Granitporphyr, 3 — Aplittrümer einer anomalen Bohrung

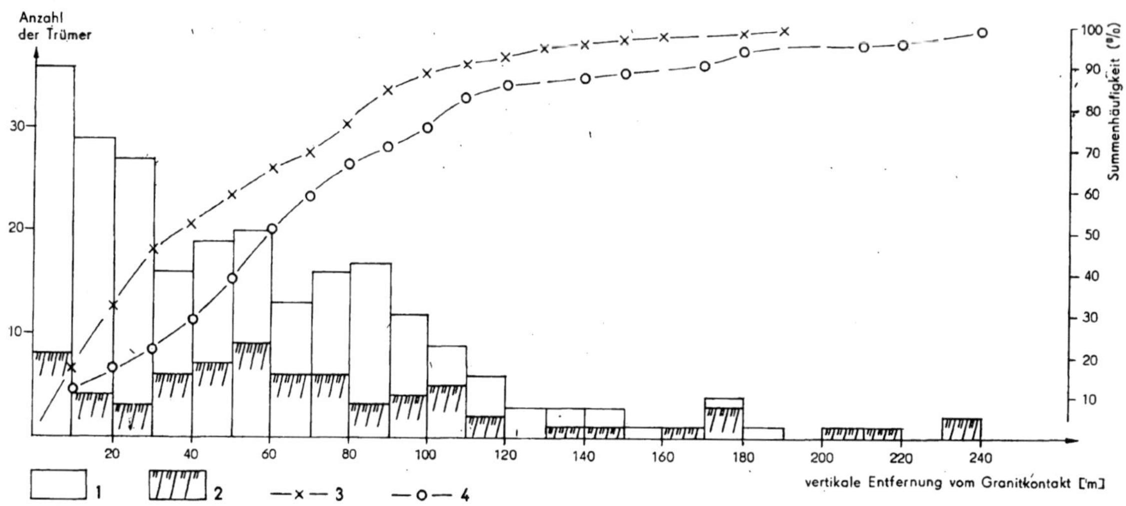

Abb. 2. Häufigkeitsverteilung der Aplittrümer in Abhängigkeit von der vertikalen Entfernung vom Granitkontakt
1 — Anzahl der Trümer im metamorphen Nebengestein, 2 — im Altenberger Granitporphyr, 3 — Summenhäufigkeit der Trümer im metamorphen Nebengestein, 4 — im Altenberger Granitporphyr

fernung vom Kontakt Aplittrümer auf. Dabei liegen 90% der in 30 Bohrungen angetroffenen Trümer im Bereich von 0 bis 110 m über dem Granitkontakt.

Im Altenberger Granitporphyr des Osterzgebirges, dem einzigen im Untersuchungsraum durchbohrten magmatischen Nebengestein des Granits, erreichen die Aplittrümer maximal 240 m Abstand, wobei 90% aller Trümer maximal 160 m entfernt sind. Hier treten auch in nur 7 Bohrungen allein 73 Aplittrümer auf. Diese größere Reichweite und relativ größere Anzahl der Aplittrümer für die einzelnen Bohrungen lassen sich eventuell durch die bessere Klüftbarkeit in dem gegenüber den geschieferten Metamorphiten texturell homogeneren Gestein erklären. Sie können aber auch darauf beruhen, daß der Altenberger Granitporphyr zur Zeit der Aplitbildung noch nicht vollständig erkaltet war und so eine Voraussetzung für die länger aushaltenden Trümer bildete. Wahrscheinlich wird das Zusammenwirken beider Faktoren der Wirklichkeit am nächsten kommen. Man muß jedoch annehmen, daß eine, wenn auch geringe lithologische Beeinflussung der Aplittrümerreichweite vorliegt.

Allerdings zeigen die Summenhäufigkeitskurven der Aplitverbreitung (Abb. 2) auch einen Knickpunkt bei jeweils ca. 100—120 m. Die weit überwiegende Anzahl der behandelten Trümer tritt bereits innerhalb dieses Bereiches über dem Granitkontakt auf. Es kann sein, daß die einzelnen bis 200 bzw. 240 m streuenden Trümer durch unkontrollierbare Einflüsse, z. B. in parallel zu steilen Granitflanken geteuften Bohrungen zu erklären sind. Vielleicht beruhen auch die weitere Streuung und die größere relative Anzahl der Aplittrümer im Granitporphyr auf solch einer anomalen Granitoberflächenform.

Eine weitere Beeinflussung der Häufigkeitsverteilung ergibt sich durch die nur 275 m betragende durchschnittliche Bohrungslänge in den Nebengesteinen über den Graniten. Man könnte allein aus einer noch geringeren durchschnittlichen Teufe eine scheinbare Verteilungskurve der Aplittrümer erhalten, die jedoch durch den Erosionsanschnitt bedingt wäre und nicht der tatsächlich vorhanden gewesenen Aplittrümerverbreitung entspräche. Im vorliegenden Fall jedoch wurde lediglich eine Bohrung mit ausgewertet, die nur 80 m Nebengestein über dem Granit durchstieß. Die Verteilung der Trümer bis 100 m über dem Granitkontakt ist also kaum beeinflußt, und die Abnahme der Anzahl der Trümer von 0 bis 100 m Abstand in den Abb. 1 und 2 ist real. Im Teufenbereich von 100—200 m erbohrtem Nebengestein liegt allerdings dann die Hälfte der Einzelbohrungen. In diesem Bereich wird also dadurch ein etwas steilerer Abfall der Anzahl der Aplittrümer (bzw. der Knick in der Summenhäufigkeitskurve der Abb. 2) vorgetäuscht, weil nicht mehr alle Bohrungen diesen Bereich durchteuften. Innerhalb der Bohrungen mit mehr als 180 m Nebengestein liegt der Durchschnitt bei ca. 380 m. Es wird somit im Bereich über 180 m kaum eine Verfälschung durch die geringe Bohrungsanzahl auftreten, und vor allem werden die letzten Aplittrümer tatsächlich im Bereich von 200 bis 240 m anzutreffen sein.

Auch in einzelnen Gruben des Erzgebirges wurde die räumliche Bindung der Aplittrümer an die Granitnähe konstatiert. So erwähnt GALILÄER (1967), daß in der Eisenerzgrube Breitenbrunn die Aplite maximal 200 m vom Granit entfernt auskeilen. Aus Ehrenfriedersdorf beschreiben BOLDUAN & HOFFMANN (1963) die fächerförmige Anordnung der Aplittrümer über der Vierunger Granitkuppel. Nach ihren Angaben ist mit der Endschaft der Aplittrümer bei etwa 150 m über dem Granit zu rechnen. In der Kupfergrube Sadisdorf wurde der Granit ca. 120 m unter den ersten Apliten erbohrt (REH 1941).

Ganz allgemein kann also, falls in einer Bohrung oder in sonstigen Aufschlüssen Aplittrümer gefunden werden, der dazugehörige Granit in einer vertikalen Entfernung von maximal 200 m (in Metamorphiten) bzw. 250 m (im magmatischen Nebengestein) erwartet werden. Die Anzahl von 37 Bohrungen mit insgesamt 240 Aplittrümern, die zu der Graphik herangezogen wurden, und die Angaben aus den erwähnten Grubenbereichen erscheinen als ausreichend, um eine gewisse Gesetzmäßigkeit abzuleiten. Allerdings muß hervorgehoben werden, daß in den Schichtenverzeichnissen von weiteren 14 Bohrungen über dem Granitkontakt keine Trümer angegeben sind. In einem großen Teil dieser Bohrungen dürften aber wohl geringmächtige Aplittrümer angetroffen worden sein, die nur nicht in die oft pauschalen Schichtenverzeichnisse aufgenommen wurden. Es kann also nur das Vorkommen von Aplittrümern einen Hinweis auf das Vorhandensein von Granit geben, nicht aber aus dem Fehlen von solchen Trümern auf das Nichtvorhandensein von Granit geschlossen werden.

In einem mit einem relativ dichten Bohrnetz überzogenen Gebiet des Mittelerzgebirges deutet sich eine positive Korrelation zwischen der Größe der Aplittrümeraureole und der relativen Höhenlage des Granitkontaktes an. Das Gebiet, auf dem die 11 in Abb. 3 dargestellten Bohrungen liegen, ist ca. 3 km² groß. Die Abstände der Bohrungen sind schematisch, die Höhen und Teufen maßstabsgerecht eingetragen. Man erkennt, daß über den höchsten Teilen des Granitrückens auch die Aplittrümeraureole am weitesten reicht, während über seinen tieferen Flanken die Aplite nicht mehr so weit entfernt sind bzw. völlig fehlen. Man kann daraus eine Bindung der Aplittrümer an den ebenfalls für den Granitaufstieg prädestinierten Bereich schlußfolgern.

Es war zu vermuten, daß die durchschnittliche Mächtigkeit der Trümer in Beziehung zur Entfernung ebenfalls eine typische Veränderung zeigen würde. Jedoch bestätigte sich diese Vermutung nicht, weil einzelne, sehr mächtige Gänge das Ergebnis stark beeinflussen (Abb. 4). Außerdem ist die aus den Schichtverzeichnissen entnommene Trummächtigkeit oft nicht die wahre Mächtigkeit, weil sich diese z. B. wegen zerbohrter Gesteinskontakte meist nicht genau bestimmen läßt.

Bei der nur in einigen Fällen möglichen makroskopischen Untersuchung der Aplite ergab sich kein Hinweis auf eine gesetzmäßige Änderung der Korngrößen mit der Granitentfernung, weil hierbei wohl der Einfluß der Trummächtigkeit größer ist. Noch offenbleiben muß eine chemische und eingehende mikroskopische Untersuchung der zahlreichen Aplite, um eventuell eine Unterscheidung der Aplite der Gebirgs- und der Erzgebirgsgranite zu ermöglichen. Nach dem bisherigen Kenntnisstand wurden in den behandelten Bohrungen lediglich Erzgebirgsgranite, d. h. Granite des jüngeren varistischen Intrusivkomplexes des Erzgebirges, angetroffen. Es ist daher anzunehmen, daß auch die Aplite diesen zugeordnet werden können.

4. Anwendungsmöglichkeiten

Die Kenntnis von der Gesetzmäßigkeit der Aplittrümeraureole kann bei der operativen Entscheidung über die Fortführung von Bohrungen große Bedeutung

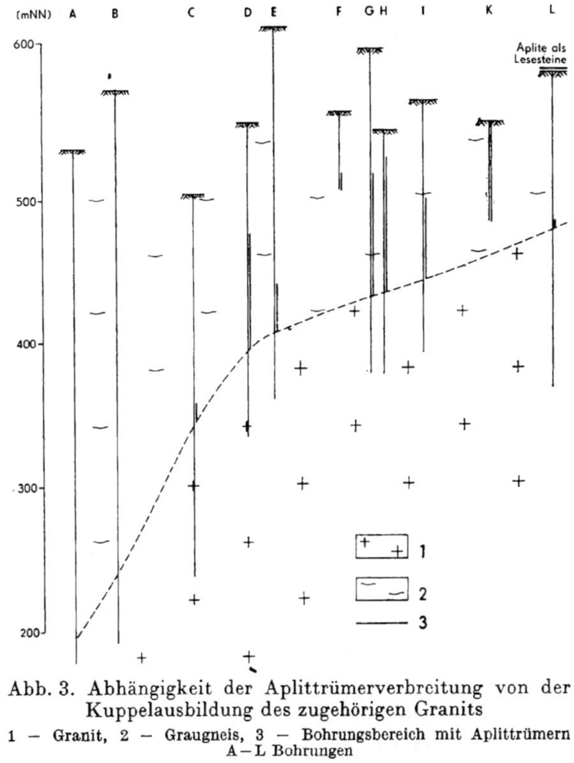

Abb. 3. Abhängigkeit der Aplittrümerverbreitung von der Kuppelausbildung des zugehörigen Granits

1 — Granit, 2 — Graugneis, 3 — Bohrungsbereich mit Aplittrümern
A—L Bohrungen

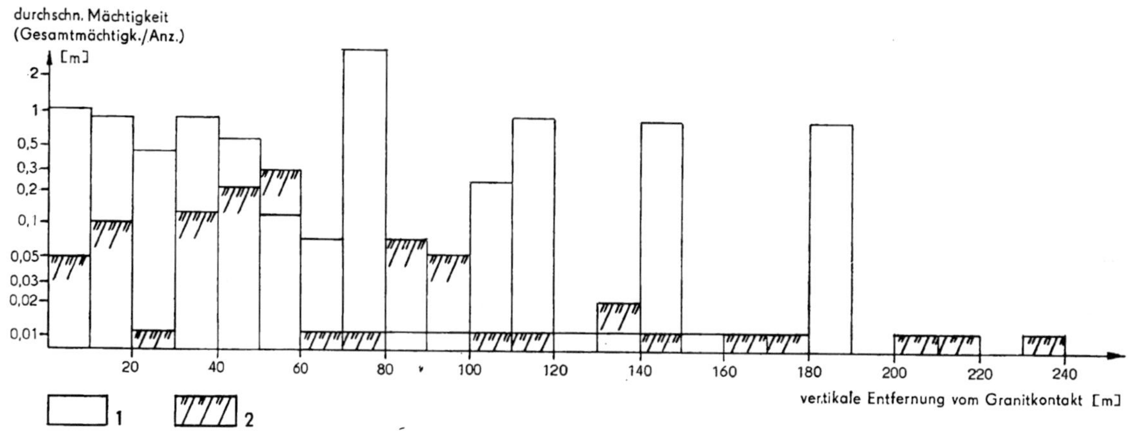

Abb. 4. Abhängigkeit der durchschnittlichen Mächtigkeit der Aplittrümer von der vertikalen Entfernung vom Granitkontakt
1 – Aplittrümer im metamorphen Nebengestein, 2 – im Altenberger Granitporphyr

erhalten. Wenn bereits Aplittrümer im durchbohrten Bereich auftreten, ist auch der Granitkörper in maximal 200 m Teufe darunter zu erwarten. Hierzu müssen allerdings alle, auch die geringmächtigen (bis unter 1 cm) Aplittrümer beachtet werden.

Auf die Verbindung von Zinnvererzungen mit Granitkomplexen wurde weiter oben schon hingewiesen. Besonders die Quarz–Topas–Kassiterit-Paragenese ist an die Kuppeln von Granitstöcken des jüngeren Intrusivkomplexes gebunden (Altenberg, Geyer, Ehrenfriedersdorf u. a.). Für die Suche nach Lagerstätten dieses Typs eröffnet die vorgelegte Untersuchung neue Möglichkeiten. Man kann einerseits aus der Anzahl der Aplittrümer über dem Granitkontakt annähernd die Position zum Granitkörper ableiten, weil wohl nur über den höchsten Kuppelteilen auch die größte Aplittrümeraureole auftritt, während sie über den tieferen Granitflanken, die auch für solche Lagerstätten nicht mehr höffig sind, fehlt bzw. sehr schwach ausgebildet ist. Andererseits gibt die Aureole einen Hinweis auf die Lage des Granitkontakts, der bei der Prospektion nach Lagerstätten des Quarz–Topas–Kassiterit-Typs gesucht wird.

Einzelne alte Bohrungen, die nicht den Granit, wohl aber Aplittrümer durchbohrten, können als Hilfsmittel für die Feststellung der Granitoberkante dienen (z. B. Bohrungen *F* und *K* in Abb. 3). Außerdem ermöglichen Aplitlesesteinfunde oder sonstige anstehende Aplite bereits eine ungefähre Festlegung der Granitoberkante. Dabei kann auch das gehäufte Auftreten der Trümer schon eine geringere Entfernung des Granitkontakts andeuten. So kann man z. B. aus den auf der tiefsten Sohle (ca. + 350 m NN) der Grube „Zinnerne Flasche" bei Pobershau auftretenden Aplittrümern mindestens auf eine Höhenlage des noch nicht erbohrten Granits von + 150 m NN schließen.

In einer einzigen Bohrung (in der Nähe von Wernesgrün) weicht die Verteilung der angetroffenen Granit- und Aplittrümer von der allgemeinen Gesetzmäßigkeit stark ab. Sie traf 0,3—19,9 m mächtige Gänge bereits im Bereich von 546 bis 270 m über dem erbohrten Granitkontakt an. Diese Verteilung deutet darauf hin, daß diese Bohrung mehr oder weniger parallel zum Kontakt des Eibenstocker Granits abgeteuft wurde. Die in dieser Bohrung angetroffenen Gänge von 0 bis 260 m über dem Granitkontakt sind als Kreuze in der Abb. 1 enthalten, wurden aber nicht mit in die Statistik aufgenommen.

Zusammenfassung

Für die in 37 Tiefbohrungen angetroffenen Aplittrümer wird ein allgemeines Schema der räumlichen Beziehungen zu den Graniten entwickelt. Danach beträgt die maximale vertikale Entfernung der Aplittrümer vom Granitkontakt ca. 200 m. Die regionalen Besonderheiten, mögliche Fehler und die Grenzen bei der Ausarbeitung des Schemas werden betrachtet und einige Hinweise für dessen Nutzung gegeben.

Резюме

Разрабатывается общая схема пространственных отношений к гранитам для обломков аплита, найденных в 37 глубоких скважинах. По этой схеме максимальное удаление обломков аплита от гранитного контакта составляет прибл. 200 м. Рассматриваются региональные особенности, возможно ошибки и границы при разработке схемы и даются некоторые указания для ее использования.

Summary

For aplite spurs found in 37 deep boreholes a universal scheme of spatial relations with granites is developed. It shows that the maximum vertical distance of the aplite spurs from the granite contact is about 200 m. Regional particularities, possible errors and limits within which the elaboration of the scheme is confined are considered and some informations on its use are given.

Literatur

BOLDUAN, H., &. M. HOFFMANN: Geologie und Erkundungsergebnisse der Zinnlagerstätte „Vierung" bei Ehrenfriedersdorf. – Freiberger Forsch.-H., C 167, 65–83, Leipzig 1963.

GALILÄER, L.: Ergebnisbericht Eisen Breitenbrunn. – Unveröff. Bericht, VEB GFE, BT Freiberg, 1967.

REH, H.: Schichtenverzeichnisse der Bohrungen Sadisdorf (1940–1942). – Unveröff. Unterlagen, Archiv des VEB GFE, BT Freiberg.

TISCHENDORF, G.: Über die kausalen Beziehungen zwischen Granitoiden und endogenen Zinnlagerstätten. – Z. angew. Geol., 15, 7, 333–342, Berlin 1969.

TISCHENDORF, G., J. WASTERNACK, H. BOLDUAN & E. BEIN: Zur Lage der Granitoberfläche im Erzgebirge und Vogtland. – Z. angew. Geol., 11, 8, 410–423, Berlin 1965.

Die „Braunspat"-Gänge des Sächsischen Erzgebirges (DDR) und die Stellung der in ihnen befindlichen Selenmineralisation

B. I. RYSCHOW, UdSSR

Die Selenmineralisation ist im Sächsischen Erzgebirge eine relativ häufige Erscheinung. Besonders weit verbreitet ist sie in den sogenannten „Braunspat"-Gängen[1]). Ungeachtet dessen sind bis jetzt über die Selenmineralisation des Erzgebirges nur kurze und lückenhafte Darstellungen veröffentlicht worden. Erste Hinweise über das Vorhandensein von Selen in den verschiedenen Erzen sind in den alten Berichten der Hüttenbetriebe aus dem Gebiet von Johanngeorgenstadt enthalten (HARLASS & SCHÜTZEL 1965). Über die Selengehalte in Uranerzen aus Freiberg und Schneeberg bringen MÜLLER (1901) und SCHIFFNER (1911) Angaben. BAUMANN (1965) weist darauf hin, daß im Gebiet von Freiberg bereits im vergangenen Jahrhundert mit Karbonaten vergesellschaftete Selenide, wie Clausthalit und Naumannit, bekannt wurden. JU. M. DYMKOW (1960) zeigte in seiner Arbeit eine Abbildung von Clausthalit mit kleinen Uranpechblendeeinschlüssen. OELSNER (1961) veröffentlichte verschiedene Mikrophotographien mit Verwachsungen von Clausthalit und Naumannit mit Uranpechblende, Chalkopyrit und Galenit aus den Erzgängen von Marienberg. HARLASS & SCHÜTZEL (1965) erwähnten, daß Selenide (Clausthalit, Umangit, Berzelianit, Klockmannit, Eukairit, Crookesit, Naumannit, Aguilarit und Guanajuatit) mit umgelagerter Uranpechblende vergesellschaftet sein können. Mit diesen Angaben schließen praktisch die bisher veröffentlichten Angaben über die Selenmineralisation des Sächsischen Erzgebirges ab.[2])

Der Autor der vorstehenden Arbeit wurde mit zahlreichen selenführenden „Braunspat"-Gängen im südwestlichen Teil des Sächsischen Erzgebirges bekannt. Makroskopische Beobachtungen fanden ihre Ergänzung durch Schliffuntersuchungen. Gleichzeitig erfolgte die Bestimmung der Brechungskoeffizienten der mit der Selenmineralisation verbundenen Mg–Fe-Karbonate.

Allgemeine Charakteristik der „Braunspat"-Gänge

„Braunspat"-Gänge sind im Erzgebirge weit verbreitet. Nach der Morphologie unterscheidet man drei Haupttypen:

1. lang aushaltende, NW streichende (etwa 290°), in ihrer Mächtigkeit konstante Gänge, die an Verschiebungen gebunden sind, zum Teil vom Nebengestein durch Mylonite oder Lettenbeschläge getrennt;

2. geringmächtige und scharf abgegrenzte Gänge mit 310—330° Streichen, die mit absätzigen Zerrungsklüften verbunden sind und häufig von Gängen des ersten Typs durchsetzt werden;

3. komplizierte Gänge, die mit streichenden Störungen (in ostwestlicher Richtung) verbunden sind und die als System von $\pm$ parallelen geringmächtigen Klüften auftreten.

In der Mehrheit der Fälle bilden die „Braunspat"-Gänge Ausfüllungen der gleichen Spalten, wie auch die ältere Quarz–Kalzit–Uranpechblende-Mineralisation. Bedeutend seltener findet man sie aber zusammen mit Quarz–Sulfid-Gängen. Das findet seinen deutlichen Ausdruck in der mineralogischen Zusammensetzung sowie in den strukturellen und texturellen Besonderheiten. Bei der genaueren Untersuchung derartiger zusammengesetzter Gänge muß man deshalb zwischen den Mineralen, Strukturen und Texturen der eigentlichen „Braunspat"-Gänge und übernommenen Komponenten und Gefügen älterer Mineralisationen unterscheiden.

Die „Braunspat"-Gänge sind im größten Teil ihrer streichenden Erstreckung erzfrei und bestehen dann nur aus unterschiedlich farbigen Fe–Mg-Karbonaten, wobei infolge von feindispergiertem hämatitischem Pigment braune Varietäten vorherrschen. Bedeutend seltener werden fahlrosa und helle Varietäten der Fe–Mg-Karbonate angetroffen. In unbedeutenden Mengen sind dagegen Siderit und Kalzit verbreitet. In den rosa bis hellen Karbonatvarietäten, aber auch im Siderit und Kalzit sind meist kleine Chalkopyrit- und Tennantiteinschlüsse zu finden. Die Gehalte der beiden letztgenannten Erzminerale übersteigen in den „Braunspat"-Gängen einige hundertstel oder auch tausendstel Prozent, das ist ein bis zwei Ordnungen weniger als der Hämatitgehalt in diesen Gängen.

Außer den untersuchten Karbonaten wird in den „Braunspat"-Gängen in sehr geringen Mengen auch Baryt angetroffen, der sich in Form einzelner tafelförmiger Kriställchen oder als strahlenförmige Aggregate auf den Fe–Mg-Karbonaten oder dem Siderit befindet.

Größere Anreicherungen von Erzmineralen treten in den „Braunspat"-Gängen nur innerhalb relativ begrenzter Bereiche auf. Sie umfassen entweder reliktische Minerale, die in diese Gänge infolge des gemeinsamen räumlichen Vorkommens mit älteren Mineralisationen auf einer Gangspalte gelangten, oder bedeutend seltener Erzminerale der eigentlichen „Braunspat"-Gänge. Von den reliktischen Mineralen in den Braunspatgängen werden am häufigsten Minerale der älteren Quarz–Kalzit–Uranpechblende- und der Quarz–Sulfid-Mineralisation erwähnt. Diese Minerale werden in großem Umfang durch Fe–Mg-Karbonate verdrängt, besonders intensiv gilt das für Kalzit, Uranpechblende und Sulfide.

Die zu den eigentlichen „Braunspat"-Gängen gehörenden Erzminerale werden von verschiedenen Wis-

Übers.: HEINZ SCHULZ, Dresden.

Erschienen im Sammelband „Uranlagerstätten – Zonalität und Paragenesen, Verlag Atomisdat, S. 156–181, Moskau 1970.

[1])Als „Braunspat" werden nach der alten deutschen geologischen Literatur die Mg- und Fe-Mg-Karbonate der Dolomit-Ankerit-Reihe bezeichnet, die durch hämatitisches Pigment unterschiedlich intensiv rotbraun gefärbt sind.

[2]) Anmerkung der Redaktion: In neuerer Zeit hat erstmals G. TISCHENDORF (Freiberger Forsch.-H., C 69, 1959) auf die Besonderheiten und genetischen Aspekte der Selenidparagenese im Erzgebirge hingewiesen.

senschaftlern zu nachstehenden drei Paragenesen (gelegentlich auch selbständige Mineralisationsphasen oder Stadien darstellend)[3]) zusammengefaßt: Selen-, Arsenid- und Silbersulfosalz-Paragenese. Die Selenid-Paragenese besteht aus verschiedenen Seleniden, wovon Clausthalit deutlich vorherrscht. Die Arsenid-Paragenese wird durch verschiedene Co–Ni-Arsenide, Löllingit sowie durch gediegen Silber, Wismut und Arsen vertreten. In der abschließenden Silbersulfosalz-Paragenese treten u. a. solche Minerale, wie Proustit, Pyrargyrit, Stephanit, Argentit auf (BAUMANN 1965, DYMKOW 1960, OELSNER 1961 und BARSUKOW 1963).

Ein charakteristisches Merkmal der Selenid-Paragenese stellt ihre enge räumliche Verbindung mit der reliktischen Quarz–Kalzit–Uranpechblende-Mineralisation dar. Die Selenide treten meist in Form von Einsprengungen in den braunen Varietäten der Fe–Mg-Karbonate auf, die Reste der primären Uranpechblendeanreicherungen enthalten und mehr oder weniger stark von den Karbonaten verdrängt werden. Ohne Übertreibung kann man feststellen, daß die vorhandenen Selenide mit den Teilen der „Braunspat"-Gänge verbunden sind, die reich an primärer Uranpechblende sind. Ein anderes typisches Kennzeichen der Selenid-Paragenese ist das Auftreten kleiner neugebildeter kugeliger Uranpechblendeaggregate in enger Verwachsung mit den Seleniden.

Für alle drei Paragenesen von Erzmineralen der „Braunspat"-Gänge ist untereinander eine räumliche Trennung charakteristisch. Die Texturen dieser Gänge sind typisch. Das wird sowohl durch den Charakter der Erz- und Gangminerale als auch durch die Art ihrer Ablagerung bedingt. Weit verbreitet sind strahlige und Imprägnationsgefüge, lagige Strukturen, aber auch Verdrängungen und Brekzienbildungen.

Das Auftreten von Pseudomorphosen, Brekzien und symmetrisch-lagigen Strukturen ist gewöhnlich mit dem Auftreten älterer Minerale in den „Braunspat"-Gängen verbunden. Brekziöse Strukturen entstehen durch Bruchstücke des Nebengesteins, von Palisadenquarz mit Uranpechblende der Quarz–Kalzit-Uranpechblende-Mineralisation, die durch Karbonate der „Braunspat"-Gänge verkittet werden (BARSUKOW 1963).

Die symmetrisch-lagige Struktur wird u. a. durch eine entsprechende Anordnung der reliktischen Uranpechblendeaggregate und des Palisadenquarzes in den „Braunspat"-Gängen hervorgerufen. Sehr häufig wurden diese Mineralaggregate vom Salband losgerissen, schwimmen nun in der dolomitischen Grundmasse und zerstören so insgesamt die Symmetrie der Gangstrukturen (HARLASS & SCHÜTZEL 1965, DYMKOW 1960, BARSUKOW 1963).

Strukturen mit einer aufeinanderfolgenden Ablagerung der Minerale sind in den „Braunspat"-Gängen weit verbreitet. Man beobachtet sie praktisch in allen derartigen Gängen, beginnend mit braunen, rosa und danach den hellen Varietäten der Mg–Fe-Karbonate, parallel-stengelige Sideritaggregate, Kalzitdrusen usw. Sehr häufig beobachtet man derartige Drusen auch zwischen den Erzmineralen. Besonders deutlich sind sie in Aggregaten ausgebildet, die aus gediegen Silber, Wismut, Arsen und Kobalt–Nickel-Arseniden bestehen.

[3]) Anmerkung d. Übers.: Etwa den im deutschen Sprachgebrauch eingeführten Begriffen „Gangformation" und „Abfolge" entsprechend.

Unter den verschiedenen Arten von Gangstrukturen trifft man einaktige am häufigsten an. In diesem Falle besitzen die Gänge meist folgenden Aufbau: An einem oder auch beiden Salbändern befindet sich Palisadenquarz, auf dem sich massige Uranpechblende, gefolgt von skalenoedrischen Kalzitkristallen, anschließt, d. h. Minerale der Quarz–Kalzit–Uranpechblende-Mineralisation. Der Kalzit ist meist vollkommen durch Dolomit verdrängt, während die (Drusen-)Zwischenräume zwischen den Skalenoedern durch körnige Fe–Mg-Karbonate ausgefüllt werden. In ihnen sind häufig disperse Einsprengungen der verschiedenen Erzminerale enthalten.

Die Textur der Mineralaggregate ist gewöhnlich körnig, gelegentlich mit Pseudomorphosen von Dolomit nach Kalzit oder Fe–Mg-Karbonat-Aggregaten, die in den freien Gangräumen abgelagert wurden. Genauere mikroskopische Untersuchungen zeigen in den „Braunspat"-Gängen die große Verbreitung von Gefügen, die durch das gleichzeitige Wachstum von zwei oder mehreren Mineralen gekennzeichnet werden.

Die wichtigsten Gangminerale

Die Fe–Mg-Karbonate stellen die häufigsten Minerale der „Braunspat"-Gänge dar. Am weitesten sind durch dispers verteilten Hämatit gefärbte klein-, mittel- und grobkörnige Varietäten dieser Karbonate verbreitet. Bedeutend seltener trifft man die hellen Karbonatvarietäten an, die keinen oder fast keinen Hämatit aufweisen.

Über die chemische Zusammensetzung der Karbonate geben zahlreiche quantitative DTA (173 Analysen) und optische Messungen der Lichtbrechung (470 Messungen) Auskunft. Die nach diesen beiden Methoden erhaltenen Ergebnisse zeigen eine sehr gute Übereinstimmung. Das wird in erster Linie durch die niedrigen Mangangehalte der Karbonate erklärt, die 1—2% Mn nicht übersteigen und in ihrer Mehrheit nur 0,3—0,6% Mn erreichen.

Die Ergebnisse der DTA und der optischen Messungen sprechen dafür, daß sich die chemische Zusammensetzung der Karbonate innerhalb weiter Grenzen änderte und von reinen Dolomiten bis zu Ankeriten mit einem Fe:Mg-Verhältnis von 0:1 bis zu 1:1 reicht, d. h. die gesamte isomorphe Reihe der Fe–Mg-Karbonate umfaßt (BILIBIN 1927, ZWETKOW u. a. 1964). Die chemische Zusammensetzung der Karbonate kann nach den vorliegenden Analysen durch folgende allgemeine Formel angegeben werden:

$$Ca(Mg_{1-0,5}Fe_{0,05})\,(CO_3)_2$$

Die Histogramme der Eisenverteilung in den Karbonaten zeugen von einem deutlichen Vorherrschen von Dolomit, dessen Zusammensetzung gewöhnlich in folgenden Grenzen schwankt:

$$Ca(Mg_{1-0,997}Fe_{0-0,003})\,(CO_3)_2$$

Die eisenreichen Varietäten der Karbonate werden dagegen bedeutend seltener angetroffen. Ihre Zusammensetzung wird in der Mehrheit der Fälle durch folgende Formel bestimmt:

$$Ca(Mg_{0,95-0,54}Fe_{0,05-0,46})(CO_3)_2$$

Die maximalen Eisengehalte betragen in den Karbonaten 18,1% FeO.

Nach den makroskopischen Eigenschaften kann man deutlich drei Gruppen von Karbonaten unterscheiden: Dolomite, Parankerite und Ankerite. Die Dolomite (N_0 = 1,679—1,685) werden durch braune Farben, klein- oder mittelkörniges Gefüge gekennzeichnet. Sie sind undurchsichtig oder schwach durchscheinend und enthalten große Mengen von feindispersem hämatitischem Pigment. Parankerite (N_0 = 1,685—1,700) besitzen eine fahlrosa, gelegentlich auch weiße Farbe, sind fein- bis mittelkörnig und schwach durchscheinend. Sie enthalten selten kleine (< 1—3 mm) Einschlüsse von Hämatit, Tennantit und Chalkopyrit, häufig verbunden mit bestimmten Anwachszonen kristalliner Parankeritindividuen. Die Ankerite (N_0 = 1,700—1,718) sind weiß, gelegentlich rosa-weiß, halbdurchscheinend bis mittelkörnig (5—7 mm). Gewöhnlich bilden sie Drusen, die Hohlräume in den Dolomiten und Parankeriten ausfüllen. Die Form der einzelnen Kriställchen wird durch Rhomboeder mit stark gekrümmten Flächen bestimmt. Charakteristisch ist durch unterschiedliche Wachstumszonen mit wechselnder Durchsichtigkeit ein deutlich ausgeprägter Zonarbau. Während Hämatiteinschlüsse nicht vorhanden sind, kann man Chalkopyrit und Tennantit sehr häufig beobachten. Die Grenzen zwischen diesen beiden Sulfiden zu Ankerit sind induktiv ausgebildet.

Diese Beobachtungen ermöglichen in bedeutendem Umfang die Berechnung von Verhältnissen zwischen den Karbonaten, besonders auch durch die detaillierte Stoßaufnahme, die von einigen Geologen von verschiedenen „Braunspat"-Gängen angefertigt wurden, wobei die Karbonate nur nach den Farben unterschieden wurden. Die vorgenommenen Berechnungen ergaben, daß auf Dolomit und Parankerit 82% der gesamten Gangkarbonate entfallen, während Ankerit nur 14% und Siderit nur 4% der Gesamtkarbonatmenge einnehmen. Demgegenüber sind die Kalzitgehalte in den Gängen mit < 1% nur unbedeutend.

Die Angaben von 103 quantitativen Spektralanalysen von Dolomit und 60 Analysen von Parankerit und Ankerit zeigen, daß Dolomit im Vergleich zu Parankerit und Ankerit erhöhte Mengen an Arsen, Blei, Kupfer, Wismut, Silber, Kobalt, Nickel, Zinn, Molybdän, Beryllium, Titan und Mangan enthält. Im Gegensatz dazu sind die Gehalte an Strontium, Vanadium und Germanium im Dolomit niedriger als im Parankerit und Ankerit. Die Bariumgehalte sind in allen Karbonatvarietäten etwa gleich groß. In 14 Proben wurde Zink angetroffen, während Antimon nur in einer Probe gefunden werden konnte.

Siderit wird im Vergleich zu den Fe–Mg-Karbonaten in den „Braunspat"-Gängen nur relativ selten angetroffen. Es bildet stengelige Aggregate von strohgelber Farbe, die Verwachsungen mit den älteren Mineralen aufweisen. Einzelne Sideritkriställchen besitzen linsenartige Form.

Anhand von 60 quantitativen Spektralanalysen sind im Siderit die Gehalte an solchen Elementen, wie Barium, Strontium, Zink, Kupfer, Kobalt, Nickel, Molybdän, Titan, Vanadium und Mangan, gegenüber dem Dolomit etwas erhöht. Die Wismut-, Silber- und Berylliumgehalte sind etwa gleich groß. Die Mangangehalte schwanken von 0,3—5%; in den meisten untersuchten Proben betrugen sie etwa 1—3%.

Kalzit wird in den „Braunspat"-Gängen häufig, aber nur in unbedeutenden Mengen angetroffen. Er bildet allotriomorphe Aggregate, die Drusenräume ausfüllen. Häufig findet man Kalzit auch in kleinen Klüften, die durch die Fe–Mg-Karbonate setzen, sich aber nicht über die „Braunspat"-Gänge hinausgehend fortsetzen. Meist bildet er in Drusen flache Rhomboeder oder Skalenoeder, die nach der c-Achse stark gestreckt sind.

Dem Verfasser standen die Ergebnisse von 21 quantitativen Spektralanalysen von Kalzit aus „Braunspat"-Gängen zur Verfügung. Das charakteristischste Nebenelement im Kalzit stellt Mangan mit 0,x—1,0% Mangan dar, in drei Proben wurden sogar Werte von fast 5,0% erreicht. Danach folgt Arsen, dessen Gehalte sehr stark schwanken, von Spuren bis zu 1%. Ständig vorhanden sind Barium, Strontium, Nickel, Kupfer und Titan, die Gehalte von 0,00x bis 0,0x erreichen. Weniger charakteristisch sind Blei, Molybdän, Wismut, Silber und Kobalt, die nur in der Hälfte aller untersuchten Proben (von Spuren bis 0,0x%) vorkamen.

Die Erzminerale (Selenide)

Clausthalit (PbSe) ist das häufigste Selenmineral. Es bildet unregelmäßige Formen in den Fe–Mg-Karbonaten. Die Größe der einzelnen Nester schwankt im Durchmesser zwischen Bruchteilen eines Zentimeters bis zu einigen Zentimetern. Verbunden mit Spaltflächen der Karbonate füllt er die Räume zwischen den einzelnen Karbonatkörnern aus, häufig treten isometrische Körner oder Kristallaggregate nach den Wachstumszonen der Karbonate auf. Gelegentlich werden auch Verwachsungen mit anderen Seleniden (meist mit Gefügen des gleichzeitigen Wachstums einiger Selenide verbunden) beobachtet. Die Bestimmung von Clausthalit wurde durch Spektral- und Röntgenanalysen bestätigt.

Naumannit (AgSe) steht nach seiner Häufigkeit nach dem Clausthalit an zweiter Stelle. In der überwiegenden Mehrheit aller Fälle wird Naumannit nur in Form kleiner monokristalliner Bildungen inmitten von Clausthalitaggregaten angetroffen. Nur in einzelnen Proben erreicht der Naumannitgehalt 2—3% der Clausthalitmenge. Die Form der Verwachsungen ist sehr unterschiedlich. In dem einen Falle sind sie xenomorph zu Clausthalit und deutlich an den Raum zwischen den einzelnen Clausthalitindividuen gebunden. In anderen Fällen sind dagegen die Naumannite gegenüber Clausthalit idiomorph. In weiteren Beispielen wird die Form der Aggregate durch das gleichzeitige Wachstum beider Minerale bedingt. In einem Anschliff wurde so Naumannit in graphischer Verwachsung mit Klockmannit angetroffen. Man beobachtete aber Naumannit auch in Form kleiner, langgestreckter prismatischer Kristalle, die inmitten von Berzelianit auftraten. Häufig wurde Naumannit auch in den Intergranularräumen der Fe–Mg-Karbonate angetroffen.

Im Auflicht ist Naumannit weiß, gegenüber Clausthalit besitzt es einen graugrünen Farbton. Das Reflexionsvermögen ist deutlich geringer als das von Clausthalit und etwas größer als das von Eukairit. In körnigen Aggregaten ist die Doppelbrechung ohne Immersionsflüssigkeit deutlich ausgeprägt. Das gilt ebenfalls für das Anisotropieverhalten, das bei vollständig gekreuzten Nicols mit einem farbigen Effekt in tiefbraunen Farbtönen verbunden ist, während sich diese Farbe bei nur unvollständig gekreuzten Nicols von braun bis zu gelegentlich cremefarben bis graugrün, grünlich-bläulich und dunkellila verändert. Das Relief ist bei Naumannit niedriger als bei Clausthalit.

Die Bestimmung von Naumannit wurde durch Spektralanalysen wesentlich bestätigt, die ständige Silberbeimengungen in den Proben nachwiesen, wo mikroskopisch Naumannit erkannt worden war.

Berzelianit ($Cu_{2-x}Se$) steht in seiner Verbreitung nach Clausthalit und Naumannit an dritter Stelle. Im Gegensatz zu Naumannit wurde Berzelianit nicht nur in Form kleinster Bildungen, sondern auch als Nester bedeutenden Ausmaßes (bis zu einigen Zentimetern Durchmesser) angetroffen. Er bildet entweder monomineralische Aggregate oder Verwachsungen mit anderen Seleniden. Die Form der Bildungen von Berzelianit in den anderen Seleniden wurde sehr häufig durch gleichzeitiges Wachstum beeinflußt. In einigen Fällen konnten graphische Verwachsungen mit Umangit, Klockmannit, Eukairit und Clausthalit angetroffen werden.

Im Anschliff ist Berzelianit sehr leicht zu bestimmen. Verwechseln kann man es nur mit der kubischen Modifikation von Chalkosin, wobei allerdings mikrochemische Reaktionen immer eine eindeutige Bestimmung gestatten. Die Diagnose von Berzelianit konnte durch Röntgenanalysen bestätigt werden.

Eukairit ($Cu_2Se \cdot Ag_2Se$) wird in den Selenerzen sehr häufig angetroffen, obwohl auch nur in sehr geringen Mengen. Es wurde in 15% der Anschliffe mit einer Selenmineralisation beobachtet. Eukairit wie auch Naumannit bilden in der Mehrheit der Fälle kleine monokristalline Bildungen in den Karbonaten oder in der Masse anderer Selenide. Nur gelegentlich wird er in Form allotriomorpher körniger Aggregate angetroffen. Selten wurde er als kleinste blättchenartige Kriställchen in monokristallinen Umangit- und Berzelianitbildungen beobachtet. Mit Umangit zusammen bildet er häufig Gefüge, die an Zerfallsstrukturen fester Lösungen erinnern. Es wurden auch graphische Verwachsungen mit Clausthalit, Umangit und Klockmannit gefunden. Gelegentlich traf man auch blättchenartige Zwillinge in einer oder in beiden fast senkrecht aufeinander stehenden Richtungen an. Die Blättchen waren entweder gerade oder spindelartig. In vielen Fällen waren die Formen von Eukairit durch seine gleichzeitigen Bildungen mit anderen Mineralen der Selenidgruppe bedingt.

Eukairit besitzt im Auflicht eine gelblich-weiße bis fahlcremefarbige Farbe. Das Reflexionsvermögen ist deutlich geringer als bei Clausthalit. Er besitzt eine geringe Bireflexion mit kaum erkennbarem Wechsel der Farben in Abhängigkeit von den verschiedenen kristallographischen Richtungen, von weiß oder zartgrünlich bis rosa, fahlcremefarben oder gelblich. Das Anisotropieverhalten wird durch sehr starke Farbeffekte mit fahlen Tönen von lila, rosa, creme bis olivgrün oder grün gekennzeichnet. Die Bestimmung von Eukairit wurde röntgenographisch bestätigt.

Umangit (Cu_3Se_2) wurde in 10% aller Schliffe mit einer Selenmineralisation angetroffen. Er bildet allotriomorphe körnige Aggregate oder monokristalline Bildungen inmitten anderer Selenide oder der Karbonate. Er wird aber auch in Form kleinster langgestreckter Kriställchen, die im Berzelianit oder im Eukairit enthalten sind, beobachtet. Diese Bildungen schwanken von wenigen Zehnteln bis zu wenigen μm. Es wurden auch relativ große einzelne blättchenförmige Umangitkristalle (einige hundertstel Millimeter) in Verwachsung mit anderen Seleniden gefunden. In einigen Fällen beobachtete man blättchenartige Zwillinge in zwei, gelegentlich auch in drei Richtungen (Gitterstrukturen) und Drillingsbildungen. In einigen Anschliffen wurden auch blättchenartige Umangitbildungen im Eukairit angetroffen, die an Zerfallsstrukturen fester Lösungen erinnern (Typ Bornit–Chalkosin), aber auch graphische Verwachsungen mit Eukairit, Klockmannit und Berzelianit.

Umangit wurde im Auflicht mikroskopisch sicher bestimmt und auch röntgenographisch bestätigt.

Klockmannit ($CuSe$) konnte in einigen Schliffen in unbedeutenden Mengen angetroffen werden. Er bildet parallelstengelige oder radialstrahlige Bildungen, die sich mit deutlich zonargeometrischem Aufbau in den verschiedenen Mineralen entwickelten. Darüber hinaus wurde er aber auch in Form kleinster, stark gestreckter Kriställchen in einer Grundmasse von Umangit, Eukairit, Berzelianit und Naumannit angetroffen. Der Gehalt an Klockmannit erreicht in diesen Mineralen häufig 20—30%. Gelegentlich bildet er graphische Verwachsungen mit Eukairit, Umangit, selten mit Berzelianit. Die Form der einzelnen Individuen ist in diesen Verwachsungen blättchenartig, wobei die einzelnen Kristalle geradlinig oder gekrümmt sein können. In einigen Fällen beobachtet man auch blättchenartige Zwillinge von Klockmannit, die in drei verschiedenen Richtungen orientiert waren. Die Größe der einzelnen Individuen übersteigt in allen beschriebenen Fällen ein μm nicht, während die Größe der Kristallaggregate kleiner als 0,0x—0,00x mm ist.

Die Farbe von Klockmannit ist im Auflicht bläulich- oder grünlich-grau und hängt stark von der Schnittlage ab. Charakteristisch ist eine ungewöhnlich starke Bireflexion mit Farbeffekten von hellgrau oder creme-grau bis grünlichblau. Das Reflexionsvermögen des Minerals nach einer Achse ist etwas höher als das von Uranpechblende, aber nach der anderen Achse gleich Pechblende, wie auch von Berzelianit. Die Anisotropie ist sehr stark und wird durch einen charakteristischen Farbeffekt ähnlich Covellin von stark gelbweiß nach dunkelgrau gekennzeichnet.

Aguilarit [$Ag_2(Se, S)$] wurde bis jetzt nur in zwei Gängen angetroffen. Er bildet relativ große (0,x mm) Kristalle zusammen mit anderen Seleniden. Gelegentlich wird er auch als unregelmäßige Nester in den Fe–Mg-Karbonaten angetroffen.

Im Auflicht ist Aguilarit grau mit einem sehr schwachen Olivton. Das Reflexionsvermögen ist nicht hoch, etwas niedriger als bei Naumannit und Eukairit, etwa gleich groß wie bei Berzelianit. Die Bireflexion ist nur schwach. Die Farbe verändert sich nach den verschiedenen Richtungen von olivgrau oder blaugrau (R_{max}) bis zu grau oder cremegrau (R_{min}). Die Anisotropie ist nicht stark, aber deutlich mit farblichem Effekt in den dunklen Tönen von ziegelrot bis grünlich. Schnitte mit niedrigem Reflexionsvermögen sind isotrop, mit höherem aber anisotrop. Das Relief ist etwas höher als bei Clausthalit, aber veränderlich in Abhängigkeit von der Schnittrichtung; in Schnitten mit R_{max} ist das Relief deutlich niedriger als in den Schnitten mit R_{min}. Der Nachweis von Aguilarit erfordert die Bestätigung durch genauere Methoden.

Laitakarit [$Bi_4(Se, S)_3$] wurde nur in einem Gange gefunden, wo er kleinste Einschlüsse im Clausthalit bildete. Ihre Fläche ist kleiner als 0,0x mm^2. Die Form ist unterschiedlich. Es handelt sich entweder um isometrische Bildungen, häufig ausgefüllt mit poikilitischen Verwachsungen von Clausthalit oder um stengelige Verwachsungen blättchenartiger Kristalle.

Charakteristisch sind blättchenartige, parallel der Längsachse der Kristalle orientierte Zwillinge. Häufig besitzen einzelne Individuen spindelartige Formen.

Im Auflicht ist Laitakarit weiß, aber gegenüber Clausthalit besitzt er einen gelblichen Ton. Das Reflexionsvermögen ist etwas höher als bei Clausthalit und beträgt etwa 52—53%. Die Bireflexion ist schwach, die Anisotropie sehr stark, aber ohne farbige Effekte wie bei Phyrrhotin oder Bismutin. Die Auslöschung ist gerade. Das Relief ist sehr niedrig und deutlich geringer als bei Clausthalit. Nach den optischen Eigenschaften ist das Mineral sehr ähnlich dem Bismutin oder Aikinit. Es unterscheidet sich aber von ihm durch ein niedrigeres Relief und hohes Reflexionsvermögen. Jedoch können diese Merkmale nur in Gegenwart von Clausthalit angewendet werden. Laitakarit ist heller als Clausthalit und weicher, während Bismutin und Aikinit etwas dunkler und härter als Clausthalit sind.

Das Vorkommen von Laitakarit in den Selenerzen wurde durch die Spektralanalyse von Selenerzen entscheidend bestätigt, die das ständige Vorhandensein von Wismut in ihnen (einige 0,x—0,0x%) nachwies.

Crookesit [$(Cu, Ag, Tl)_2Se$] wurde bis jetzt optisch nicht nachgewiesen. Spektral- und chemische Analysen stellten in einigen Proben mit Selenmineralisation Thallium fest. Das gestattete H. SCHULZ die Annahme von Crookesit in den Selenerzen.

Tiemannit ($HgSe$) wurde in zwei Gängen angetroffen, wo er in Form kleiner isometrischer Bildungen im Clausthalit oder als kleinste Einschlüsse in den Mg-Fe-Karbonaten, gelegentlich auch in Verwachsung mit Berzelianit auftritt. In zwei Proben aus diesen Gängen konnte durch chemische Analysen Quecksilber mit Gehalten von 0,02 und 0,004% gefunden werden. Im Auflicht besitzt Tiemannit eine graue Farbe mit einem bräunlichen Ton. Das Reflexionsvermögen des Minerals ist bedeutend niedriger als Berzelianit. Tiemannit ist isotrop. Das Relief ist niedrig und gestattet damit keine Verwechslung mit Fahlerz.

Guanajuatit (Bi_2Se) bildet nadelige Kristalle im Umangit, die an Bismutinkristalle erinnern, gelegentlich kommen sie auch in Verwachsungen mit Naumannit vor. Im Auflicht besitzt er grauweiße bis bläulichweiße Farbe. Das Reflexionsvermögen ist hoch, die Bireflexion und Anisotropie stark, das Relief niedrig, bedeutend geringer als bei Umangit.

Stilleit (ZnSe) wurde in einem Anschliff in myrmekitischer Verwachsung mit Clausthalit gefunden. Das Mineral ist grau, isotrop, besitzt geringes Reflexionsvermögen und keine Innenreflexe. Es ist den Fahlerzen sehr ähnlich, besitzt aber im Unterschied von ihnen keine grünlichen, sondern graubraune Farbtöne. Als Beweis für das mögliche Auftreten von Stilleit in den Selenerzen gilt außer den genannten optischen Beobachtungen die in einigen Proben spektralanalytisch ermittelten geringen Zinkmengen (0,0x%).

Eskebornit (Fe_3CuSe_4) konnte nicht sicher nachgewiesen werden und ist nur auf einen Gang beschränkt. Er bildet relativ große (bis 1 mm im Querschnitt) monokristalline Verwachsungen im Aggregat mit Berzelianit, Eukairit und Clausthalit. Die Farbe des als Eskebornit angesprochenen Minerals ist im Auflicht gelblich-grau. Das Reflexionsvermögen ist geringer als von Clausthalit, aber höher als von Eukairit. Die Bireflexion ist schwach. Die Anisotropie ist ähnlich der von Phyrrhotin, aber etwas schwächer. Das Relief ist höher als von Clausthalit und Eukairit. Es zeigt ein gutes Polierverhalten. In einigen Querschnitten ist eine vollständige Spaltbarkeit deutlich ausgebildet. Nach den optischen Eigenschaften ist das Mineral nicht von Bismutin zu unterscheiden, lediglich die Paragenese mit Seleniden führte zur vorläufigen Ansprache des Minerals als Eskebornit.

Die Altersverhältnisse der Selenide und ihre Stellung im Gesamtprozeß der Bildung von „Braunspat"-Gängen

Alle vorstehend genannten Erzmineralassoziationen in den „Braunspat"-Gängen werden von dieser oder jener Varietät der Karbonate begleitet. Deshalb werden vor der Erläuterung der Altersbeziehungen zwischen den verschiedenen Paragenesen von Erzmineralen die Veränderungen analysiert, die im Verlaufe der Kristallisation in der chemischen Zusammensetzung der Karbonate erfolgten.

Um die zeitliche Aufeinanderfolge der Karbonatbildung in den „Braunspat"-Gängen zu bestimmen, wurden durch genaue Beobachtungen die Verwachsungen der verschiedenen karbonatischen Varietäten fixiert. In 156 Fällen konnten makroskopische Beobachtungen durch Messungen der Brechungsindizes ergänzt werden. Davon wurden hundertmal Krustifikationsablagerungen von Karbonaten beobachtet, 97 erwiesen sich als ältere Mg-reiche Varietäten, davon waren die jüngeren eisenreich, und nur in drei Fällen konnte eine Ablagerung von Ankeritkriställchen an der Oberfläche parallelstengeliger Sideritaggregate beobachtet werden. In 56 Fällen wurde unmittelbares Durchkreuzen verschiedener Karbonatvarietäten angetroffen. Die durchsetzenden Karbonate gehörten stets zu den eisenreichen Varietäten oder zum Kalzit. Gelegentlich wurden auch gegenseitige Durchkreuzungen gleichartig zusammengesetzter Karbonate gefunden, aber in keinem Falle beobachtete man, daß Mg-reiche Varietäten Fe-reiche Karbonate durchkreuzen.

Außerdem wurden Beobachtungen in Grubenbauen und an sehr vielen Handstücken aus verschiedenen Museen der DDR vorgenommen. In allen Fällen waren die braunen Karbonate älter als die rosafarbigen und hellen, während der Siderit in den Hohlräumen der Mg- und der Mg-Fe-Karbonate abgelagert worden war. Abweichungen von dieser allgemeinen Reihenfolge der Karbonatbildung treten nur in Einzelfällen auf. Die Auswertung der zahlreichen Beobachtungen gestattete die Aufstellung einer Altersfolge der Karbonate: Dolomite → Parankerit → Ankerit → Siderit → Kalzit. Tektonische Bewegungen störten gelegentlich die Einheitlichkeit der Gänge. Insgesamt führten sie aber an keiner Stelle zu einer Veränderung der Altersfolge der Karbonatablagerung und bewirkten nur örtliche Störungen eines offensichtlich ununterbrochenen evolutionären Prozesses der Zusammensetzung der ausgefällten Karbonate.

Selenide sind in den „Braunspat"-Gängen mit den ältesten Varietäten der Karbonate verbunden, d. h. mit Dolomit und dem eisenreichen Dolomit und nur gelegentlich mit Parankerit. Die Selenide sind gewöhnlich mit den Drusenräumen der Karbonate verbunden. Sie füllen Klüfte in Karbonaten und Intergranularräumen aus. Häufig findet man sie auch auf Anwachsstreifen einzelner Kristalle. Sehr oft beobachtet man auch in den Karbonaten deutliche Gefüge für das gleichzeitige Wachstum verschiedener Selenide. In der Mehrzahl der Beispiele waren die Selenide durch Clausthalit vertreten, nur in wenigen Gängen wurden außer Clausthalit auch Naumannit, Berzelianit, Umangit, Eukairit, Klockmannit und Aguilarit angetroffen. In einem Schliff wurde auch Laitakarit gefunden.

Selenide wurden in sehr engen gemeinsamen Verwachsungen beobachtet. Häufig fand man Gefüge der gleichzeitigen Kristallisation von Aguilarit und Umangit; von Aguilarit und Clausthalit; von Umangit, Eukairit und Naumannit sowie von Clausthalit und Eukairit. Aguilarit bildet gewöhnlich gutausgebildete tafelartige Kristalle, die gegenüber anderen Seleniden idiomorph auftreten. Häufig werden in diesen Kristallen auf verschiedenen Wachstumsflächen Einschlüsse von Eukairit, Umangit oder Clausthalit angetroffen.

Für die gleichwertige Bestimmung von Erscheinungen der gleichzeitigen Kristallisation von zwei oder mehreren Mineralen ist die Kenntnis der Mineralaggregate und ihrer Struktur sehr wichtig. So wurden Merkmale des gleichzeitigen Kristallwachstums bei anisotropen Seleniden, wie Aguilarit, Naumannit, Umangit und Eukairit nachgewiesen. Das gleichzeitige Wachsen eines anisotropen mit einem oder mehreren isotropen Seleniden nachzuweisen, ist bei weitem schwieriger, da das innere Gefüge eines isotropen Minerales nicht erkennbar ist. In der Mehrheit der Fälle gestattet jedoch die gesamte Form der Ausbildung mit Sicherheit die Ansprache entsprechender Gefüge. Besonders charakteristisch sind in dieser Beziehung die Formen des gemeinsamen Wachsens von Berzelianit und Clausthalit. Die Einschlüsse eines dieser Minerale kennzeichnen gewöhnlich deutlich die Anwachszonen im Wirtsmineral. Häufig kann man auch innerhalb eines Gesichtsfeldes bei starker mikroskopischer Vergrößerung 3—4 verschiedene derartige Zonen mit Einschlüssen beobachten. Die Basis dieser Einschlüsse wird häufig durch charakteristische Induktionsoberflächen begrenzt.

Außer den Gefügen des gleichzeitigen Wachstums beobachtet man in den Seleniden gelegentlich auch myrmekitische und graphische Verwachsungen, die im vorliegenden Falle als Produkt der gleichzeitigen Auskristallisation dieser Minerale gedeutet werden. In diesen myrmekitischen und graphischen Verwachsungen beobachtete man: Eukairit — Klockmannit, Umangit — Klockmannit, Umangit — Eukairit — Klockmannit. Weniger charakteristisch sind dagegen derartige Verwachsungen von Umangit — Berzelianit, Eukairit — Clausthalit, Umangit — Berzelianit, Umangit — Berzelianit — Klockmannit. In einem Anschliff wurden auch myrmekitische Verwachsungen von Naumannit und Clausthalit angetroffen.

In einzelnen Fällen beobachtete man auch eine zeitliche Aufeinanderfolge von Seleniden, wobei zuerst solche Selenide wie Aguilarit, Umangit, Klockmannit und Berzelianit abgelagert wurden, danach folgten Eukairit, Naumannit und Clausthalit und schließlich monomineralische Clausthalitaggregate.

Verdrängungserscheinungen sind in den Seleniden sehr selten, z. T. wurden Eukairit und Umangit durch Eukairit korrodiert. Meist erfolgte die Verdrängung entlang den Spaltflächen von Aguilarit, die parallel der Längsachse ihrer tafelartigen Kristalle ausgebildet sind. Dieser Prozeß reicht aber nicht bis zur Bildung von Pseudomorphosen von Eukairit und Umangit nach Aguilarit.

Von den Seleniden wurde Aguilarit offensichtlich zuerst gebildet. Im vorliegenden Falle wurden häufig radialstrahlige Verwachsungen von Klockmannit und einzelnen Kriställchen von Umangit, Eukairit und Clausthalit gefunden, die auf den Flächen tafelartiger Aguilaritkristalle abgelagert wurden.

Auf diese Weise sind die Wechselbeziehungen zwischen den einzelnen Mineralen der Selenidparagenese sehr kompliziert. Praktisch kristallisiert der gesamte Mineralkomplex gleichzeitig. Wenn man jedoch das Maximum der Kristallisation dieses oder jenes Minerals oder Mineralgruppe betrachtet, so kann man in gewissem Maße einen zeitlichen Wechsel der gebildeten Selenide beobachten (s. Abb. 1).

Sehr häufig beobachtet man mit den Seleniden kleine niedrige Uranpechblendeaggregate. In zahlreichen Schliffen wurde gleichzeitige Kristallisation von Uranpechblende mit Clausthalit und Berzelianit beobachtet. Uranpechblende konnte auch in Form einzelner kugeliger und halbkugeliger Bildungen angetroffen werden, die an der Oberfläche rhomboedrischer Dolomit- oder Parankeritkriställchen abgelagert wurden und mit Seleniden vergesellschaftet sind. An der Basis von Uranpechblendehalbkugeln beobachtet man stufenartig-konische „Füßchen", das spricht ebenfalls für das gleichzeitige Wachstum von Uranpechblende und den Karbonaten.

In vielen „Braunspat"-Gängen sind außer den Seleniden auch Kobalt–Nickel-Arsenide mit gediegen Wismut, Silber, Arsen und Silbersulfosalzen vorhanden. Die verschiedenen Paragenesen der Erzminerale sind jedoch räumlich voneinander getrennt, und es ist folglich nicht möglich, unmittelbare Altersbeziehungen zwischen den Seleniden und Arseniden oder den Seleniden und den Silbersulfosalzen nachzuweisen. Außerdem ist der überwiegende Teil der Erzminerale in den „Braunspat"-Gängen in Form disperser Einsprengungen verbreitet und bildet keine massiven Anreicherungen. Auch dadurch wird die Beobachtung der Altersbeziehungen zwischen den verschiedenen Paragenesen von Erzmineralen erschwert. Für die Ermittlung der zeitlichen Aufeinanderfolge wurden nicht die seltenen Fälle der Wechselbeziehungen von Erzmineralen verschiedener Paragenesen zugrunde gelegt, sondern vielmehr die Beziehung der Erz- mit den Gangmineralen, für die bereits eine deutliche paragenetische Altersfolge nachgewiesen wurde.

Wie bereits wiederholt bemerkt, sind die Selenide mit den ältesten Varietäten der Gangminerale, besonders aber mit Dolomit und nur gelegentlich mit Parankerit vergesellschaftet. Anhand zahlreicher Beobachtungen wurde festgestellt, daß der überwiegende Teil der Kobalt–Nickel-Arsenide und von gediegen Wismut, Silber und Arsen mit Ankerit und Siderit vergesellschaftet ist, d. h. mit den jüngsten karbonatischen Varietäten. Diese Erzminerale sind nur in Einzelfällen mit Parankerit oder jüngerem Kalzit vergesellschaftet. Silbersulfosalze sind ausschließlich mit dem jüngsten Kalzit verbunden, d. h. mit dem Mineral, das die Kristallisationsreihe der Karbonate abschließt; nur sporadisch wurden in einigen Gängen Silbersulfosalze in Verwachsungen mit Ankerit und Siderit beobachtet. Für alle Beispiele ist die weite Verbreitung von Gefügen der gleichzeitigen Kristallisation zwischen den Erzmineralen, aber auch zwischen Erzmineralen und den mit ihnen verbundenen Gangmineralen charakteristisch.

Auf diese Weise sind für die Vererzungsintervalle der „Braunspat"-Gänge Paragenesen von Erzmineralen mit bestimmten karbonatischen Varietäten typisch, die in einer genau bestimmten Altersfolge entstanden. Das

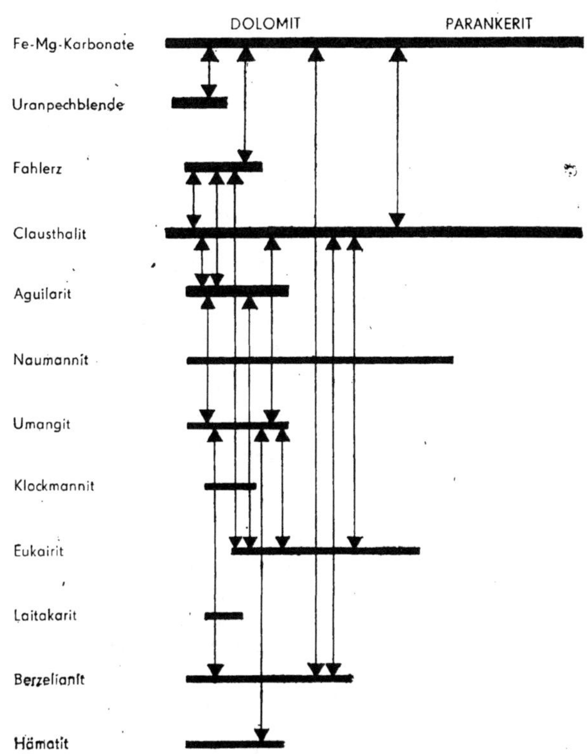

Abb. 1. Paragenetisches Schema der Uranpechblende-Selenid-Paragenese
Durch die Pfeile wird die gleichzeitige Kristallisation gekennzeichnet.

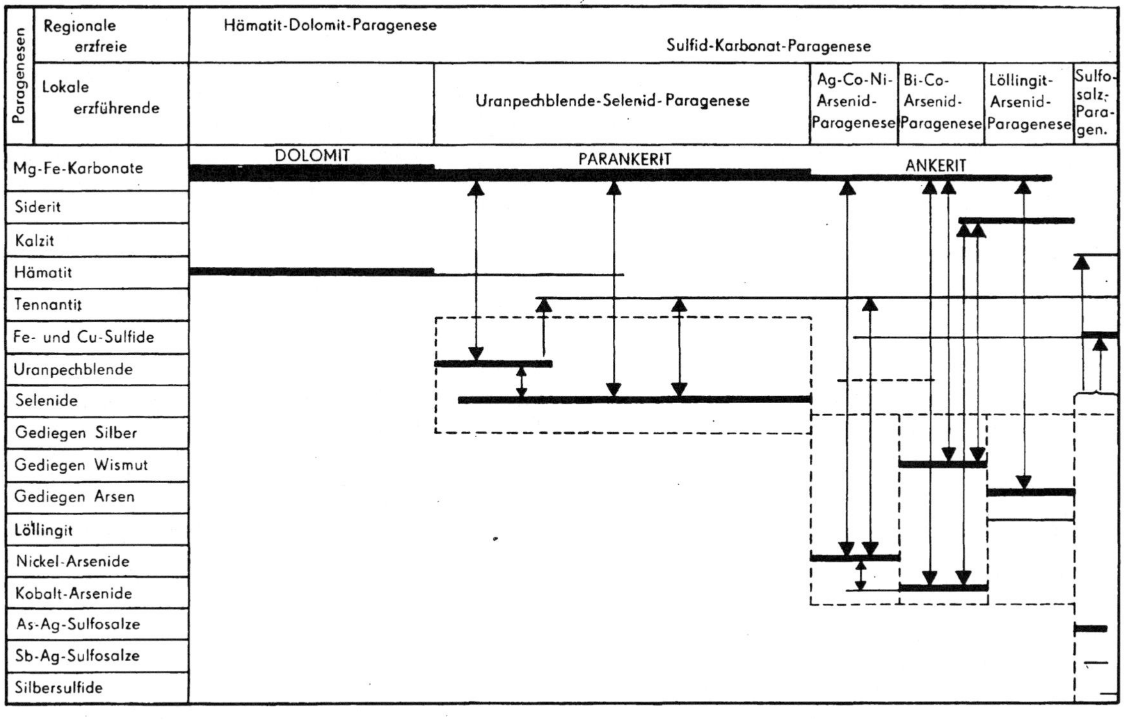

Abb. 2. Paragenetisches Schema der „Braunspat"-Gänge
Durch Pfeile wird die gleichzeitige Kristallisation der Minerale gekennzeichnet. Die gestrichelten Felder stellen die Paragenesen dar.

gestattet die Bestätigung, daß auch die untersuchten und analysierten Paragenesen der Erzminerale in der gleichen Altersfolge gebildet wurden, d. h. am Anfang die Selenide, danach die Arsenide mit den gediegenen Elementen und schließlich die Silbersulfosalze.

Im größten Teil ihrer streichenden Erstreckung fehlen in den „Braunspat"-Gängen die obengenannten Paragenesen von Erzmineralen, sie bestehen vielmehr aus Gangmineralen, die nur feinste disperse Einsprengungen von Hämatit, Tennantit und Chalkopyrit enthalten. Meist wurden diese Erzminerale in Form kleinster monomineralischer Aggregate auf den Anwachszonen der Gangminerale abgelagert, von letzteren durch Induktionsflächen getrennt. Wechselbeziehungen zwischen diesen dispersen Erzmineralen konnten nur in sehr seltenen Fällen beobachtet werden. Zum Teil wurden kleinste Chalkopyrittrümchen in Tennantit beobachtet, in einigen Anschliffen auch Gefüge des gleichzeitigen Wachstums von Tennantit und Chalkopyrit. Aber ungeachtet der räumlichen Trennung von Einschlüssen disperser Erzminerale ist es meist möglich, ihre Altersstellung festzustellen. Das resultiert erstens aus der deutlichen Änderung der Zusammensetzung der Gangminerale während der Kristallisation und zweitens daraus, daß das Maximum der Kristallisation der einzelnen Erzminerale mit ganz bestimmten Gangmineralen verbunden ist.

So ist die Hauptmenge des Hämatits mit Dolomit gekoppelt, der dadurch unterschiedlich rot bis braun gefärbt ist. Bedeutend seltener trifft man Hämatit in Vergesellschaftung mit Parankerit an, in Einzelfällen auch mit Ankerit, wobei er sphärolithische Bildungen auf der Oberfläche dieser Karbonatkristalle bildet. Häufig sind diese Sphärolithe mit einzelnen Anwachszonen der karbonatischen Kristalle verbunden. An der Basis einiger Hämatitsphärolithe beobachtet man stufenartig-konische „Füßchen" mit Induktionsoberflächen, die auf die gleichzeitige Genese von Hämatit und Karbonat hinweisen.

Tennantit und Chalkopyrit sind am häufigsten von allen mit Ankerit, Siderit und Kalzit verbunden, obgleich man diese Minerale auch in Vergesellschaftung mit Parankerit beobachtet. Einschlüsse von Chalkopyrit und Tennantit sind in Karbonaten gewöhnlich unregelmäßig auf Anwachszonen verteilt.

Die genannten Fakten zeigen, daß die Hauptmenge des Hämatits aus den hydrothermalen Lösungen am Anfang der Entstehung der „Braunspat"-Gänge ausfiel, aber Chalkopyrit und Tennantit an deren Ende.

Hämatit, Chalkopyrit und Tennantit wurden auch in Vergesellschaftung mit Seleniden, mit Kobalt–Nickel-Arseniden und mit Silbersulfosalzen erwähnt. So wurden in einem der Gänge Verwachsungen von Hämatit und Umangit angetroffen. In einem Falle bildete Hämatit in Umangit idiomorphe Täfelchen, in einem anderen füllte er Zwischenräume von Umangitkristallen aus. Gelegentlich beobachtete man gleichzeitiges Wachstum von Umangit und Hämatit. Tennantit wird in Verwachsung mit den Seleniden relativ häufig angetroffen. Weiterhin wurden Strukturen der gleichzeitigen Entstehung von Tennantit und Aguilarit, Eukairit, Umangit und Clausthalit beobachtet. In einigen Anschliffen wurden gleichartige genetische Gefüge von Tennantit und Kobalt–Nickel-Arseniden festgestellt. Die gleichzeitige Entstehung von Tennantit und Chalkopyrit mit den Erzmineralen der Silbersulfosalz-Paragenese ist völlig normal

Auf der Grundlage des Dargelegten werden folgende Schlußfolgerungen gezogen:

Die Bildung von Seleniden, Kobalt–Nickel-Arseniden, gediegen Wismut, Silber und Arsen sowie der Silbersulfosalze erfolgte während der ununterbrochenen gleichzeitigen Kristallisation der Karbonate von Dolomit bis Kalzit mit den sie begleitenden Erzmineralen Hämatit, Chalkopyrit und Tennantit.

Auf eine ununterbrochene Karbonatkristallisation und folglich eine permanente Bildung der „Braunspat"-Gänge kann man zur Zeit nur schließen, da nicht ein einziger Gang die gesamte ununterbrochene Abfolge aller Ablagerungen der obengenannten karbonatischen Varietäten aufweist. Zu den Fakten, die ursächlich die Permanenz des Prozesses beweisen, gehören:

1. Nach den an verschiedenen „Braunspat"-Gängen vorgenommenen Beobachtungen bestehen sie insgesamt aus der gesamten Folge der eine lückenlose isomorphe Reihe bildenden Mg- und Mg–Fe-Karbonate von Dolomit bis Ankerit.

2. Die weite Verbreitung von Strukturen des gleichzeitigen Wachstums von Seleniden zusammen mit einer aufeinanderfolgenden Ablagerung spricht für ihre ununterbrochene Auskristallisation. Die mit den Seleniden verbundenen Karbonate ändern ihre Zusammensetzung von Dolomit bis zu Parankerit. Folglich kann man mit ausreichender Sicherheit auch von einer ununterbrochenen Auskristallisation der Karbonate von Dolomit bis zu Parankerit sprechen.

3. Die Gefügemerkmale des gleichzeitigen Wachstums und der aufeinanderfolgenden Ablagerung von Mineralen sind auch für die Kobalt–Nickel-Arsenide und für gediegen Wismut, Silber und Arsen charakteristisch, die mit Parankerit, Ankerit, Siderit und gelegentlich mit Kalzit vergesellschaftet sind. Folglich kann man die Kristallisation der Karbonate von Parankerit bis Kalzit auch als ununterbrochen betrachten.

4. Für Erzminerale aus der Gruppe der Silbersulfosalze sind ebenso wie für andere Paragenesen Gefügemerkmale des gleichzeitigen Wachstums und der aufeinanderfolgenden Ablagerung charakteristisch. Diese Mineralgruppe ist mit Kalzit und in einigen Fällen mit Ankerit und Siderit vergesellschaftet, d. h. mit einer Reihe von Karbonaten von Ankerit bis Kalzit, die ebenfalls ohne zeitliche Unterbrechung auskristallisierten.

Auf diese Weise gelangte der Verfasser durch Analyse der einzelnen Teile des Bildungsprozesses der „Braunspat"-Gänge zu der Schlußfolgerung, daß die „Braunspat"-Gänge in ihrer Gesamtheit im Verlaufe eines einzigen ununterbrochenen Vorgangs gebildet wurden.

Bei gemeinsamem räumlichem Auftreten von „Braunspat"-Gängen mit älteren Gangmineralisationen auf der gleichen tektonischen Spalte sind in älteren Paragenesen Mg-Karbonat-Metasomatosen (Dolomitisierungen) zu beobachten. Besonders intensiv werden Kalzit und die Erzminerale, wie Sphalerit, Galenit und Uranpechblende, durch Dolomit verdrängt. Dabei erfolgt eine deutliche mineralogische und räumliche Differentiation der primär mehrkomponentigen Sulfid- oder Uranpechblende-Mineralisation gegenüber relativ einfach zusammengesetzten Mineralaggregaten. Sulfidminerale, die reich an Beimengungen von Silber, Antimon und Arsen sind, wurden unter der Bildung gleicher, aber spurenelementarmer Sulfide umlagert, oder es wurden zahlreiche Minerale aus der Gruppe der Antimon- und Arsensulfosalze von Silber, Blei und Kupfer gebildet, in deren Zusammensetzung die genannten Beimengungen bereits als Hauptkomponenten auftreten.

Analoge Erscheinungen wurden auch bei der Umlagerung von Uranpechblende durch Dolomit beobachtet, wobei die erstere Arsen, Selen, Antimon, Blei, Kupfer, Zink und einige andere Elemente enthält. In den „Braunspat"-Gängen wurden in diesen Fällen auch in den älteren Gangparagenesen Clausthalit, seltener auch Kupfer- und Silberselenide gefunden, aber in den jüngeren verschiedene Arsen- und Antimonsulfosalze von Silber und Kupfer. Die genetische Verbindung mit der primären Uranpechblende ist nur bei den Seleniden ausreichend deutlich.

Insgesamt kam es bei diesen Vorgängen zu einer intensiven Umlagerung. Zusammen mit massigen Absonderungen von Mineralaggregaten erfolgt eine Dispergierung zu Einsprengungen und Nestern, während bei Silber, Selen, Arsen und Antimon dieser Prozeß gerade umgekehrt verläuft. Diese Elemente, die in den primären Sulfid- und Uranpechblendeaggregaten dispers verteilt vorkommen, bilden im Ergebnis der Umlagerung selbständige Minerale.

Zusammenfassung

Die untersuchten „Braunspat"-Gänge bestehen aus Mg- und Mg–Fe-Varietäten von Karbonaten bei deutlichem Vorherrschen von Dolomit. Die Bildung der Karbonate erfolgt in der Reihenfolge: Dolomit → Parankerit → Siderit → Kalzit.

Die Selenmineralisation wurde in den „Braunspat"-Gängen nur in einzelnen Intervallen angetroffen und ist räumlich mit Relikten von Uranpechblende aus der Quarz–Kalzit–Uranpechblende-Mineralisation verbunden.

Die Selenide sind mit den ältesten Varietäten der Karbonate der „Braunspat"-Gänge, d. h. mit Dolomit oder Fe-reichem Dolomit vergesellschaftet — im Unterschied zu den Kobalt–Nickel-Arseniden und den gediegenen Elementen Silber, Wismut und Arsen, die mit den jüngsten karbonatischen Varietäten (Parankerit und Siderit) verbunden sind.

Die Bildung der „Braunspat"-Gangmineralisation erfolgte offensichtlich im Verlaufe eines einzigen ununterbrochenen Mineralisationsstadiums, d. h. als ein permanenter Vorgang.

Резюме

Исследованные жилы „бурого шпата" состоят из вариаций Mg и Mg—Fe с карбонатом при отчетливом преобладании доломита. Образование карбонатов происходит в последовательности: доломит — паранкерит — сидерит — Кальцит.

Минерализация селена была встречена в жилах „бурого шпата" только в отдельных интервалах. Пространственно она связана с реликтами урановой смолки из минерализации кварцокальцито-урановой смолки.

Селениды ассоциируют с более древними вариациями карбонатов жил „бурого шпата", т.е. с доломитом или с доломитом, богатым Fe — в отличие от кобальт-никель-арсенидов и самородных элементов серебро, висмут и арсен, которые связаны с более молодыми карбонатными вариациями (паранкетир и сидерит).

Формирование жильных минерализаций „бурого шпата" продолжается, очевидно, в течение одной единственной непрерывной стадии минерализации, т.е. непрерывного процесса.

Zeitschrift für angewandte Geologie, Bd. 18 (1972), Heft 4

Summary

The „brown-spar" veins investigated consist of Mg and Mg–Fe varieties of carbonates, with a clear predominance of dolomite. The order in which the carbonates are formed is as follows: dolomite — parankerite — siderite — calcite.

In the „brown-spar" veins the mineralization of selenium is only found in individual intervals, and is spatially connected with relics of uranium pitchblende from the quartz-calcite-uranium pitchblende mineralization.

The selenides are associated with the oldest carbonate varieties of the „brown-spar" veins, i. e. with dolomite or with dolomite rich in Fe, in contrast with the cobalt-nickel arsenides and the native elements silver, bismuth and arsenic, which are connected with the youngest carbonatic varieties (parankerite and siderite).

The „brown-spar" vein mineralization was obviously formed during an only uninterrupted stage of mineralization, i. e. during a permanent process.

Literatur

BARSUKOW, W. L., u. a.: In: „Grundlagen der Geochemie des Urans". – Verlag Akad. Wiss. UdSSR 1963, S. 139 (russ.).

– In: „Fragen der angewandten Radiogeologie". – Folge 2. Unter der Redakt. von D. JA. SURASCHKIJ, Atomisdat, Moskau 1967, S. 150 (russ.).

BAUMANN, L.: Die Erzlagerstätten der Freiberger Randgebiete. – Freiberger Forsch.-H., C 188, VEB Dt. Verl. Grundstoffindustrie, Leipzig 1965.

BILIBIN, G. A.: „Zap. Vses. mineralog. o-va". – Jahrg. 1, 56 (1927).

DYMKOW, JU. M.: Die Uranmineralisation des Erzgebirges. – Atomisdat, Moskau 1960 (russ.).

HARLASS, E., & H. SCHÜTZEL: Zur paragenetischen Stellung der Uranpechblende in den hydrothermalen Lagerstätten des westlichen Erzgebirges. – Z. angew. Geol., 11, S. 569–582, Berlin 1965.

MÜLLER, H.: Die Erzgänge des Freiberger Bergreviers. – Erläuterungen zur geologischen Spezialkarte des Kgr. Sachsen, Leipzig 1901.

OELSNER, O.: Atlas der wichtigsten Mineralparagenesen im mikroskopischen Bild. – Fernstudiumsmaterial der Bergakademie Freiberg, Freiberg 1961.

SCHIFFNER, C.: Uranmineralien in Sachsen. – Freiberg 1911.

ZWETKOW, A. I.: Die DTA von Karbonatmineralen. – Verl. Nauka, Moskau 1964 (russ.).

Festland und Ozean – ein Vergleich der Bodenschätze

E. A. WELITSCHKO, UdSSR

Das stürmische Wachstum der Bevölkerung in unserem Jahrhundert ruft auch ein Wachstum der Bedürfnisse hervor, u. a. auch des Bedarfs an mineralischen Rohstoffen. Es wird erwartet, daß dieser bis zum Jahre 2000 etwa um das 3fache gegenüber dem heutigen Stand anwachsen wird. Es ist also nur natürlich, daß die Geologen dem Ozean besondere Beachtung widmen. Seine Fläche ist mehr als 2,3mal größer als die der Festländer (361 Mill. km² gegenüber 149 Mill. km²). Die Unkenntnis über die Ozeane und ihren geologischen Bau macht es unmöglich, eine genaue Einschätzung der Mineralressourcen unter der Wasseroberfläche zu geben.

Mineralbildungen auf dem Ozeangrund sind noch wenig erforscht. Wir kennen weder die Gesetzmäßigkeiten der Mineralverteilung in den Ozeansenken noch die Formen des Auftretens ozeanischer Rohstoffe, wie die unlängst unvermutet entdeckten völlig neuen Typen von Erzvorkommen beweisen.

Auf dem Meeresgrund haben einigermaßen systematische Untersuchungen erst vor 20 bis 30 Jahren begonnen. An der Suche sind einige wenige Schiffe beteiligt; dabei werden die Beobachtungen nur punktförmig gewonnen. Bei einem so weitmaschigen und ungleichmäßigen Beobachtungsnetz kann man natürlich nicht mit ausreichendem Beobachtungsmaterial rechnen. Im wesentlichen wurden bisher auch nur die außerordentlich weit verbreiteten Mineralbildungen gefunden. Die Entdeckung von Lagerstätten auf begrenzten Flächen des Meeresgrundes gehört noch zu den seltenen Erfolgen. Es kommt hinzu, daß die Anzahl der Mineralbildungen auf dem Meeresgrund und in den darunter lagernden Schichten wahrscheinlich begrenzt ist. Der Grund hierfür liegt in der Natur des ozeanischen Milieus und in den sich darin vollziehenden Prozessen.

1969 erschien beim Verlag „Progress" die Übersetzung des bisher in seiner Art einzigen Buches von J. MERO, „Der Mineralreichtum der Ozeane". In ihm werden die Mineralressourcen vorwiegend aus der Sicht ihrer wirtschaftlichen Nutzung betrachtet. Den geologischen Fragen ist nur wenig Aufmerksamkeit gewidmet.

Aus: „Priroda", 4 (1961), S. 59–66 (leicht gekürzt).
Übers.: M. LANGER, Berlin.

Welche Mineralreichtümer enthält der Ozean?

Der Ozean ist in erster Linie mineralisiertes Wasser. Im Weltozean mit 137 Mrd. km³ Wasser sind $5 \cdot 10^{16}$ t verschiedene Elemente und ihre Verbindungen enthalten. Als feste Substanz ausgedrückt kann damit die gesamte Festlandsoberfläche mit einer 200 m mächtigen Schicht bedeckt werden. Bis jetzt wurden im Ozeanwasser 80 Elemente nachgewiesen; allerdings gehören mehr als 99% ihrer Masse nur zu 10 Elementen. Von diesen nehmen Na und Cl etwa 85,2% ein. Diese beiden Elemente werden seit undenklichen Zeiten als Kochsalz aus dem Meerwasser gewonnen. In unserem Jahrhundert sind zum Steinsalz Jod, Brom, Magnesium, Kalzium und einige ihrer Verbindungen hinzugekommen. Die Versuche, auch Gold, Platin, Uran und andere Spurenelemente zu gewinnen, befinden sich noch im Stadium des Experiments.

Im Zusammenhang mit dem wachsenden Bedarf an Süßwasser wurden in vielen Ländern, u. a. auch in der UdSSR, Entsalzungsanlagen aufgebaut. Nach der Destillation besteht das restliche Meerwasser aus einer Salzlauge, deren Konzentration etwa 4mal größer ist als beim Ausgangsprodukt. Man sollte meinen, daß man aus diesen konzentrierten Lösungen viele Elemente gewinnen könnte. Bei deren Mehrzahl ist aber eine direkte Gewinnung entweder aus ökomischen oder aus technischen Gründen nicht möglich. Außerdem ist eine restlose Gewinnung aller Elemente (oder des größten Teils) aus dem Meerwasser unnötig, da ihr Bedarf im Weltmaßstab wesentlich geringer ist, als eine Wasserentsalzungsanlage zu gewinnen vermag.

Gegenwärtig werden neue Wege für eine selektive

Gewinnung einzelner Elemente beschritten. Einer von ihnen ist die Anwendung von Ionenaustauschern, wobei bedeutende Konzentrationen von bestimmten Elementen erreicht werden können. Auf diese Weise konnte erfolgreich Uran gewonnen werden. Ein anderer Weg ist die Nutzung von pflanzlichen und tierischen Organismen, die selbst geringste Elementanreicherungen zu konzentrieren vermögen. Beispielsweise ist der Jodgehalt einiger Algenarten 1000mal größer als der des Meerwassers; gewisse Schalentiere sind in der Lage, Vanadium um 280000mal mehr anzureichern, als es im Meerwasser enthalten ist, und in den Knochen einiger Fische ist 20 Mill. mal mehr Blei enthalten als im Meerwasser. Die absoluten Mengen dieser Elemente bleiben aber in den Organismen gering. Möglicherweise werden in Zukunft nicht die organischen Reste selbst Ausgangspunkt für die Gewinnung einiger Elemente sein, sondern die Klärung des Ionenaustauschvorgangs wird möglich machen, Cu, Zn, Pb, V, Sn, Ag und andere Metalle direkt aus dem Meerwasser zu gewinnen.

Allerdings kann das Meerwasser wahrscheinlich nicht alle Substanzen abgeben, da die Unkosten für die Gewinnung der meisten Elemente wesentlich höher sind als ihr Wert. Andererseits sind Gehalte der gleichen Elemente in vielen Gesteinen um einige Größenordnungen höher als im Meerwasser. Das Meerwasser gehört auf Grund seiner Bedeutung, die ihm in der gesamten Erde zukommt, auch zu den „Gesteinen"; allerdings ist dieses wesentlich ärmer an vielen Substanzen (besonders an Metallen) als die magmatischen Gesteine.

Das Ozeanwasser spielt auch noch eine andere wichtige Rolle bei der Konzentration von mineralischen Substanzen. An den Ufern wirkt die Brandung. Sie wühlt den Ufersand auf und sortiert die Sandkörnchen nach Größe und Gewicht. Schwermetallkörnchen sammeln sich mit der Zeit in bestimmten Bereichen und bilden Strandseifen. In dieser Hinsicht effektiv wirken nur starke Sturmwellen oder die ozeanische Brandung. Berühmt in dieser Hinsicht ist die SW-Küste Afrikas. Hier wurden die vom Oranjefluß mit den Kimberliten zur Hochwasserzeit in den Ozean geschwemmten Diamanten durch die Brandung wieder ans Ufer gespült und sammelten sich in den Strandwällen und den vom Wasser ausgewaschenen Hohlkehlen der Steilufer. Ein Teil der Edelsteine befindet sich auf dem Grund der ufernahen Zone. Obgleich auf 26 Mill. Sandkörner nur 1 Diamantkorn kommt, ist der Abbau der diamantführenden Sande doch rentabel.

Mit Seifen auf dem Festland nicht vergleichbare Mineralstrandseifen bilden die von Ilmenit, Rutil, Zirkon, Monazit und einigen anderen verhältnismäßig seltenen Mineralen. In der UdSSR wird begonnen, die Seifenlagerstätten an den Küsten und im Flachwasserbereich verschiedener Meere abzubauen. Wenn man sich vergegenwärtigt, daß sich die Randmeere und Binnenmeere der Sowjetunion über mehr als 100000 km erstrecken, wird klar, wie groß die Möglichkeiten sind, Küstenseifenlagerstätten unter den verschiedensten geologischen Verhältnissen zu finden.

Tektonik — Klima — Sedimentation

Das Ozeanwasser spielt auch bei Prozessen der chemischen und biologischen Bildung von Mineralakkumulationen eine Rolle. Aus dem Meerwasser haben sich in der geologischen Vergangenheit große Salzlager abgesetzt; z. T. werden sie auch jetzt noch, allerdings in geringen Mengen unter bestimmten klimatischen und geographischen Bedingungen, abgelagert. In älteren marinen Sedimenten sind riesige Eisenerz- und Manganlager, Bauxite, Kohlen, Phosphorite, Karbonate, Silikatgesteine u. a. erhalten geblieben. Teilweise werden diese Sedimente auch heute noch abgelagert. Die rezenten marinen Ablagerungen unterscheiden sich von ihren fossilen marinen Analoga vor allem durch ihre geringe Diagenese. Hier finden sich zwar Phosphatschlämme und vereinzelt Phosphatknollen, aber keine schichtförmig abgelagerten Phosphorite, Torf, aber keine Steinkohle, Kalkschlamm, aber keine Kalksteine.

Außerdem ist die Sedimentablagerung im Ozean unterschiedlich. Sie hat ihre eigenen Gesetzmäßigkeiten, die abhängig sind von den tektonischen Verhältnissen eines Gebiets, seiner Lage zu den Kontinenten, dem Klima und den ozeanologischen Verhältnissen. Im Relief der ozeanischen Senken zeichnen sich Zonen und Gebiete mit bestimmter tektonischer Zugehörigkeit deutlich ab. Das sind der Schelf, der Kontinentalabhang, der Festlandsockel. Sie bilden die unterirdischen Ränder des Festlands. Etwas weiter liegen die rezenten Geosynklinalzonen, die als Inselkettenbögen ausgebildet sind, sowie die submarinen Rücken, die Senken der Randmeere, die submarinen Erhebungen und die äußeren Tiefseegräben (diese Zonen werden häufig als Übergangszonen bezeichnet, da in ihrem Bereich die Festlandselemente mit den ozeanischen Elementen der Erdrinde eng ineinander übergehen). Schließlich zeichnen sich die eigentlichen ozeanischen Gebiete deutlich ab. Unter ihnen werden Tiefseebecken, die mittelozeanischen Rücken, submarine Erhebungen und Plateaus ausgehalten, die teilweise als Inseln über den Meeresspiegel hinausragen. Jeder dieser Gebiete hat eine ihm eigene Sedimentationsform. Deshalb werden Bereiche mit einheitlichem Sedimentationscharakter im Hinblick auf die Verteilung von nutzbaren Bodenschätzen als minerogenetische Provinzen bezeichnet.

Von diesen sollen einige erwähnt werden. Im äußeren Schelfbereich des Stillen Ozeans an der Küste von Nord- und Südamerika können von Kalifornien bis Südchile Phosphoritlager verfolgt werden. Ähnliche befinden sich auch in anderen Bereichen des Ozeans. Alle haben folgende Gemeinsamkeiten: ein Anstieg der ozeanischen mit Phosphat angereicherten Tiefenwässer zur Küste hin (ozeanographische Verhältnisse); ein stark gegliedertes Bodenrelief mit relativ vom Ozean isolierten Teilbecken (geomorphologische und tektonische Verhältnisse); arides Klima, so daß nicht sehr viel klastisches Material vom Festland zugeführt wird; eine große biologische Produktivität in den Küstengewässern und einige andere. Solche Bereiche des Ozeanbodens kann man als Phosphatprovinzen bezeichnen.

Am Fuß des Kontinentalabhangs erfolgt die Sedimentierung mächtiger terrigener Ablagerungen, die vom submarinen Abhang durch Schlammströme abgetragen wurden. Diese sogenannten Turbidite erreichen meist Mächtigkeiten von mehreren Kilometern und bedecken einen breiten Saum der Festlandsockel. Teilweise erstrecken sie sich auch auf die benachbarten Bereiche des Ozeanbodens. Diesen Bereich kann man als Turbiditprovinz bezeichnen.

In den pelagischen Ozeanteilen sind die biogenen Ablagerungen am häufigsten anzutreffen. Das sind Anhäufungen von Foraminiferenkammern und anderen Organismen mit karbonatischen Skeletten, Radiolarien und Diatomeen mit kieseligen (Opal) Panzern. Die Bereiche dieser Sedimente sind Provinzen mit karbonatischer oder kieseliger Sedimentbedeckung. Ihre Lage im Ozean wird außer von der Entfernung vom Festland auch durch das Klima und die Beckentiefe bestimmt. Es konnte festgestellt werden, daß Karbonatsedimente im Ozean nur bis zu Tiefen von 4500 bis 4700 m vorkommen; in größeren Tiefen fehlen sie wegen der Löslichkeit des Kalziumkarbonats. Deshalb lagern sich in den Tiefseeteilbecken, in denen es keine silikatischen Ablagerungen gibt, diejenigen Komponenten ab, die in allen Sedimenten als sekundäre auftreten und kaum bemerkt werden. Hierher gehören terrigene Klastika (auch vom Wind hereingewehte), Bruchstücke von Organismen nichtkarbonatischer Herkunft, Teilchen vulkanischer Genese, chemisch sedimentierte Substanzen und kosmische Teilchen. Zu den letztgenannten gehören winzige Eisen–Nickel-Kügelchen. Diese Sedimente erhielten die Sammelbezeichnung „rote Tiefseetone“.

Die genannten Beispiele zählen zu den Sedimenten, die ganz bestimmte Bereiche des Ozeanbodens bedecken und dort dominieren. Allerdings kann man im Ozean auch Sedimente mit großer Verbreitung finden, die in Bereichen mit unterschiedlichem tektonischem und geomorphologischem Bau vorkommen. Hierzu gehören beispielsweise die Eisen–Mangan-Konkretionen, die sowohl in flacheren Binnenmeeren auftreten als auch im Ozean in verschiedenen Sedimenttypen.

Wenn man allerdings die Zusammensetzung, den äußeren Habitus, den inneren Aufbau und die physikalischen Eigenschaften der Konkretionen etwas genauer betrachtet, kann man feststellen, daß sich diejenigen der flachen Meere wesentlich von denen des Ozeans unterscheiden und diese wiederum in den verschiedenen Bereichen des Ozeanbodens unterschiedlich ausgebildet sind. Die einheitliche Provinz der Eisen–Mangan-Konkretionen ist also deutlich untergliedert. Fast alle Sedimentarten des Ozeans können als Bodenschätze genutzt werden: terrigene oder Karbonatschlämme als Tone oder Zementrohstoffe; kieselige Schlämme als weiche Schleifmittel, als Filtrationsmedium zur Reinigung von Erdölprodukten, als Wärmeisolierungsmaterial u. a.; die roten Tone enthalten im Vergleich zu den Intensivgesteinen 10mal mehr an bestimmten Metallen; die Eisen–Mangan- und die Phosphatkonkretionen bilden selbständige Erzlager usw. Die Möglichkeiten, diese mineralischen Rohstoffe zu nutzen, werden vom Niveau der technologischen Entwicklung des Abbaus unter marinen Verhältnissen und von der ökonomischen Seite des marinen Bergbaus bestimmt.

Im Ozean fehlen viele sedimentäre Mineralbildungen, die vom Festland her bekannt sind. So gibt es beispielsweise keine Verwitterungsrinde mit den entsprechenden Lagerstätten. Es gibt im Ozean natürlich auch keine Bildung von fließendem Wasser, Seen, Sümpfen und Wind.

Folglich sind die Sedimentationsprozesse im Ozean ärmer als die auf dem Festland und in der Ausdehnung weniger veränderlich. Das Ozeanwasser bedeckt bedeutende Teile der Kontinente, da die eigentliche Ozeanlage mit der dazugehörenden Rinde erst mit einer Tiefe von etwa 3 km vom Festlandsockel beginnt.

Es ist selbstverständlich, daß in den wasserbedeckten Rändern der kontinentalen Blöcke ebenfalls Bodenschätze lagern. Die Minerallagerstätten in den Kontinentalrändern dürften sich in Zusammensetzung, Genese und Lagerung nicht von denen des Festlands unterscheiden. Man kann vermuten, daß ihr Artenreichtum mit der Annäherung an den äußeren Rand der kontinentalen Blöcke wegen der allgemeinen Ausdünnung der Rinde und des vermutlichen Ausklingens der erzbildenden Prozesse abnimmt.

Möglichkeiten der Gewinnung

Die Gewinnungsmöglichkeiten mariner Mineralrohstoffe werden vom Kenntnisstand des geologischen Baus, der Bodenschätze in diesem Bereich und durch den technischen Stand beim marinen Abbau bestimmt. Gegenwärtig betreiben fast alle entwickelten Länder mit Meeresküsten intensive Such- und Erkundungsarbeiten auf Erdöl und Erdgas. In England, Japan, Kanada, Finnland, Australien werden Steinkohle, Eisen- und Kupfererze, Nickel und Zinn aus untermeerischen Schächten gefördert. Vom Grunde des Golfs von Mexiko wird aus den Gips–Dolomit-Hüten über Salzkuppeln Schwefel gewonnen. Zweifellos wird die Anzahl der Bodenschätze immer größer, ihr Abbau unter marinen Verhältnissen umfangreicher. Dennoch wird das Gesamtausbringen von Bodenschätzen aus diesem Bereich, außer bei der Förderung von Erdöl und Erdgas, niemals so hoch sein wie auf dem Festland, schon wegen der geringen Fläche, die diese Zone einnimmt (ca. 70 Mill. km^2 im Verhältnis zu 149 km^2), aber auch wegen der technischen Schwierigkeiten.

Im pelagischen Bereich des Ozeans wurde unter der mehrere Kilometer tiefen Wasseroberfläche die ozeanische Erdrinde aufgeschlossen. An ihre magmatischen und metamorphen Gesteine sind ebenfalls einige Bodenschätze geknüpft. Ihrer Entstehung nach müßten sie endogenen Charakter tragen. Über die Natur endogener Kräfte und ihre Erscheinungsformen in der ozeanischen Rinde ist bisher wenig bekannt. Nach den geophysikalischen Ergebnissen kann man schlußfolgern, daß die ozeanische Rinde im Vergleich mit der Erdrinde sehr dünn (5 bis 6 km gegenüber 30 bis 35 km) und ihr innerer Aufbau vermutlich unkomplizierter ist. Der wesentliche Unterschied besteht darin, daß in der ozeanischen Rinde die Granitschicht fehlt. Die ozeanische Rinde besteht aus basischen und ultrabasischen Gesteinen mit hohen Magnesium- und Eisengehalten. Am Ozeangrund wurden Effusivgesteine und ihre metamorphen Varietäten angetroffen (Basalte, Dolerite, Gabbro, Peridotite-Serpentinite, Grünschiefer u. a.). An derartige Gesteinskomplexe, von den Kontinenten bekannt, sind meist nur wenige Metalle geknüpft.

Die modernen Anschauungen

Die im Ozean entdeckten oder die möglicherweise existierenden Mineralbildungen wurden von uns auf

Grund ihrer Zugehörigkeit zu bestimmten Elementen des Meeresgrunds und auf Grund ihrer Genese in folgende sechs Gruppen zusammengefaßt:

1. Substanzen, die im Meerwasser gelöst sind, sowie das Meerwasser selbst als nutzbarer Stoff;

2. Verwitterungsprodukte des Festlands (terrigenes Material) im Brandungsbereich und in der ufernahen Flachwasserzone. Die wichtigsten Mineralanhäufungen dieser Gruppe sind die Schwermineralsande (Titan, Zirkon, seltene Metalle, Eisenminerale, Kassiterit, Gold, Platin, Diamanten u. a.); Sande und Kiese, tonige, phosphorhaltige und andere Schlämme.

3. Die eigentlichen marinen Sedimente, die den Grund bedecken, und die oberen Schichten der Sedimentbedeckung im Bereich der ufernahen Flachwasserzone bis zum abyssischen Bereich bilden. Alle diese Bildungen sind autigen. Sie entstanden aus Produkten von chemischen Reaktionen, der Tätigkeit von Lebewesen, vulkanischer Tätigkeit oder des Zusammenwirkens dieser geologischen Prozesse. Im Bereich der Flachwasserzone werden unter bestimmten Voraussetzungen Salze abgelagert: Chlorid-, Sulfat- und Mischsalze sowie Kalziumkarbonat (Ansammlungen von Muschelschalen, Korallen, oolithischen Sanden). Im Schelfbereich und im oberen Teil des Kontinentalabhangs werden Phosphorite, Glaukonit, Eisenoolithe und andere Verbindungen sedimentiert. Im Ozean selbst kommt es zur Bildung von Eisen–Mangan-Konkretionen, Zeolithen, Barytkonkretionen und bestimmten Phosphoritformen. In allen marinen Bereichen setzen sich Schlämme ab, z. B. terrigene und karbonatische Kieselschlämme sowie polygene Schlämme. Alle diese können in der Perspektive ebenfalls teilweise zur Kategorie der Mineralressourcen gezählt werden.

4. Die festen mineralischen Rohstoffe gehören zu den gleichen Typen, wie wir sie von den Kontinenten kennen, lagern aber in den Gesteinen des Schelfs. Hier kann man alle Formen von mineralischen Rohstoffen finden. Genetisch ist diese Gruppe außerordentlich verschieden; zu ihr gehören sowohl exogene als auch endogene Bildungen. Unsere Kenntnisse über die nutzbaren Bodenschätze dieser Gruppe erschöpfen sich in dem geringen Wissen über die Geologie der Schelfgebiete.

5. Die Gruppe der exogenen mineralischen Bildungen, die zu den magmatischen und metamorphen Gesteinen der Ozeanrinde gehören. Diese Gruppe ist am wenigsten untersucht.

6. Vulkanogen-sedimentäre mineralische Bildungen in Form von Metallschlämmen in den Depressionen der Riftzonen der mittelozeanischen Rücken und in vulkanischen Geosynklinalgebieten, möglicherweise auch in anderen Formen. Die vulkanogen-sedimentären Bildungen sind vermutlich in den Gebieten mit subaquatischem Vulkanismus und in den Zerrungszonen der Ozeanrinde in den Zonen mit Tiefenbrüchen recht weit verbreitet. Das ist eine sehr perspektive Form für Erzlagerstätten der Eisengruppe, Mangangruppe, Aluminiumgruppe, Kupfer-, Zink- und Bleigruppe sowie anderer Bunt- und seltener Metalle.

Eine solche nach genetischen Gesichtspunkten durchgeführte Systematisierung wurde hier erstmalig erarbeitet. Sie hilft zweifellos, die Sucharbeiten im Ozean zielgerichteter vorzunehmen.

Dieser kurze Abriß über die Mineralressourcen des Ozeans zeigt, daß sie nach der Anzahl ihrer Arten begrenzt sind. Einzelne Arten allerdings bilden die größten in der Erdgeschichte beobachteten Vorkommen. So sind beispielsweise 99% des Broms im Meerwasser konzentriert, ebenso unerschöpfliche Mengen an Magnesium. Die Eisen–Mangan-Konkretionen des Stillen Ozeans enthalten mehr Mangan als alle Manganlagerstätten auf dem Festland. Viele marine Seifenlagerstätten sind in bezug auf ihre Regenerierbarkeit der Vorräte nach dem Abbau mit den alluvialen Seifenlagerstätten in keiner Weise vergleichbar. Bestimmte mineralische Rohstoffe lassen sich aus dem Ozean wesentlich günstiger abbauen als auf dem Festland, da sie entweder eine einfachere Abbautechnologie oder eine einfachere Aufbereitung haben.

Dennoch muß abschließend nochmals unterstrichen werden: Sowohl jetzt als auch in der Zukunft wird die Hauptquelle für mineralische Rohstoffe (außer Erdöl und Erdgas) immer das Festland sein, genauer gesagt, die Kontinente mit ihrer mächtigen kompliziert aufgebauten Rinde, die von Granitintrusionen durchzogen, mit Wasser durchtränkt, von Störungen zerschnitten und zu Faltungszonen zusammengepreßt ist, die von der Oberfläche her für die Verwitterungsprozesse und für die Umlagerung der Substanzen offen daliegt. Die Mineralressourcen des Ozeans sind nur zusätzliche Quellen. Ihr Reichtum ist wie bei denen des Festlands nicht unbegrenzt.

Methoden der quantitativen mathematischen Höffigkeitsprognose

WINFRIED RASEMANN, Freiberg

Einleitung

Die zielgerichtete Erkundung von mineralischen Rohstoffen ist neben geologischen und technischen Aspekten vor allem eine Frage der Ökonomie. Die regionale Verbreitung von Lagerstätten, ihre Konfiguration und Größe, die Lagerungsbedingungen usw. unterliegen einer Reihe von Gesetzmäßigkeiten, die sich hinter einer großen Anzahl von Merkmalen und Daten verbergen und überwiegend wahrscheinlichkeitstheoretischer Natur sind. Der konkrete Ausgang eines Erkundungsprojektes ist also stets mehr oder weniger ungewiß. Diese Problematik ist besonders ausgeprägt bei der Erkundung auf Erdöl und Erdgas sowie bei der Erzerkundung. Deshalb tritt vor allem dort in verstärktem Maße der Wunsch nach quantitativen Kri-

Eingang des Manuskripts in der Redaktion: 4. 10. 1971.

terien auf, mit denen die Chancen für den Erfolg eines Projektes und die Größe des dabei einzukalkulierenden Risikos möglichst objektiv eingeschätzt werden können. Mit der Erarbeitung solcher Kriterien befaßt sich die quantitative Höffigkeitsprognose. Ihre Methoden und Prinzipien sind entsprechend der Spezifik der geologischen Arbeit überwiegend aus dem Erfahrungsbereich der Stochastik entlehnt. Es sind verschiedene Arbeitsrichtungen bekannt, die sich je nach der Art und Anzahl der zur Verfügung stehenden oder benötigten Erkundungsmittel und geologischen Kriterien, dem angewandten mathematischen Apparat und der möglichen oder gewünschten Reichweite der Aussage unterscheiden. In allen Fällen ist die Ermittlung eines Wahrscheinlichkeitsgesetzes für das Antreffen wirtschaftlicher Lagerstätten notwendig. Sie beruht auf der Kenntnis geologischer, geophysikalischer und lagerstättenspezifischer Daten. Die in die Höffigkeitsprognose eingehenden Kriterien sind so auszuwählen, daß sie möglichst aussagekräftig, leicht zu beschaffen und billig sind. Diese Entscheidung erfordert eine große Sachkenntnis und Erfahrung. Der folgende Beitrag gibt eine Übersicht und kritische Einschätzung der wichtigsten Arbeitsrichtungen der quantitativen mathematischen Höffigkeitsprognose.

Verfahren der quantitativen Höffigkeitsprognose

Geologisch begründete Benotungsverfahren

Im allgemeinen ist der Geologe geneigt, die Höffigkeitskriterien nach subjektiven Gesichtspunkten festzulegen, wobei er von seiner Erfahrung, Vorstellungskraft und Kombinationsfähigkeit Gebrauch macht. Diese typisch geologischen Arbeitsmittel sind vor allem in den Frühstadien der Erkundung unentbehrlich, wo der Geologe vielfach darauf angewiesen ist, seine in der Praxis und aus Literaturkenntnissen gewonnenen Erfahrungen über bekannte, gutuntersuchte Projekte auf einen neuen Untersuchungsgegenstand zu extrapolieren. Dabei sind Kriterien erwünscht, die das Erkundungsgebiet gleichmäßig charakterisieren. Ihre Wahl ist weiterhin vom Maßstab der Untersuchungen und der geologischen, ökonomischen usw. Situation abhängig zu machen. Je detaillierter die Prognose sein soll, um so mehr Kriterien werden benötigt.

Eine gebräuchliche Variante zur Quantifizierung qualitativer Angaben besteht darin, eine Rangfolge der Kriterien entsprechend ihrer relativen Bedeutung aufzustellen und den Gliedern der Folge Maßzahlen zuzuordnen. Diesen Weg hat z. B. GOTAUTAS (1963) bei der Bewertung von Kriterien der Erdöl- und Erdgas-

Tab. 1. Einteilung der Erkundungskriterien nach GOTAUTAS

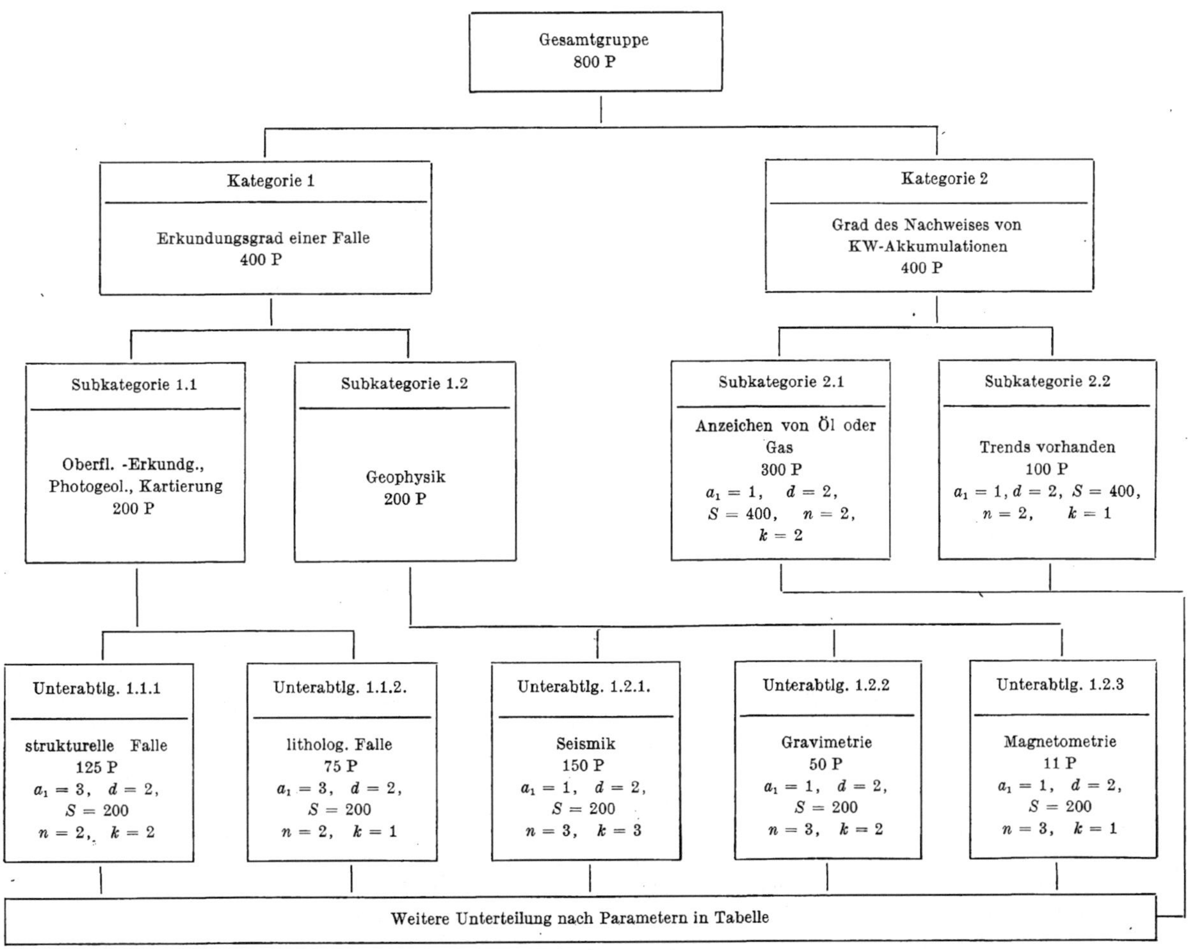

erkundung eingeschlagen. Grundlage bildet ein System geologischer und geophysikalischer Kriterien, das aus zwei Kategorien besteht: 1. dem Erforschungsgrad einer Falle; 2. dem Grad des Nachweises von KW-Akkumulationen. Jede der Kategorien ist entsprechend den zur Auswahl stehenden Erkundungsmitteln (Oberflächenkartierung, Photogeologie, Fazieskartierung, Geophysik usw.) und den daraus ableitbaren Kriterien in Subkategorien und Unterabteilungen gegliedert. Die quantitative Bewertung der Kriterien erfolgt nach einem Punktsystem. Für die Auswertung der Erkundungsergebnisse wird eine Maximalzahl von 800 erreichbaren Punkten vorgegeben. Davon entfallen auf die beiden Kategorien je 400 Punkte, die je nach Gewicht auf die Subkategorien und Unterabteilungen aufgeschlüsselt sind (s. Tab. 1). Den einzelnen Kriterien in den Subkategorien und Unterabteilungen ordnet man nun je nach der ihnen beigemessenen relativen Bedeutung eine Menge positiver ganzer Zahlen zu. Sie bilden gewöhnlich eine arithmetische Folge mit dem allgemeinen Glied $a_n = a_1 + (n-1)d$, z. B. die Folge 1, 4, 7, 10,... Wenn es die Kenntnis des Untersuchungsgegenstands rechtfertigt, kann als Bildungsgesetz der Zahlenfolge auch eine geometrische Folge mit dem allgemeinen Glied $a_n = a_1 q^{n-1}$ gewählt werden, z. B. die Folge 1, 3, 9, 27, ... Diese relativen Wichtigkeitswerte werden entsprechend der vorgegebenen Maximalzahl möglicher Punkte in den Subkategorien und Unterabteilungen und der Anzahl der geologischen usw. Kriterien, auf die sie sich aufschlüsseln, in ganzzahlige Punktwerte umgerechnet. Der Punktwert C_k des k-ten Kriteriums in einer arithmetischen Folge von n Kriterien einer Unterabteilung errechnet sich nach der Beziehung:

$$C_k = \frac{a_k}{\sum\limits_{k=1}^{n} a_k} \cdot S = \frac{a_1 + (k-1)\,d}{\frac{n}{2}\,[2a_1 + (n-1)d]} \cdot S \qquad (1)$$

Hierin bedeuten S die für die Unterabteilung vorgegebene Maximalzahl von Punkten und d die konstante Differenz zweier benachbarter Glieder der Folge.

Die Berechnungsformel für die geometrische Folge ist analog. Die Summe aller Punktwerte C_k ($k = 1, 2, \ldots, n$) ergibt wieder den Wert S der Kriterienfolge. Die Bewertungen können je nach Kenntnis des jeweiligen Erkundungsgebietes geändert werden. Ein Demonstrationsbeispiel ist in Tab. 2 wiedergegeben.

Das Verhältnis der für ein Projekt erzielten Anzahl von Punkten je Kategorie zur Zahl der erreichbaren Punkte ist als Wahrscheinlichkeit für das Antreffen einer Falle oder einer KW-Akkumulation definiert. Sie wird in % angegeben. Die Wahrscheinlichkeit für den gemeinsamen Nachweis einer Falle und einer KW-Akkumulation wird als Produkt der Wahrscheinlichkeiten für jede Kategorie errechnet.

In der Praxis ergibt sich, daß für den vollständigen Nachweis der einzelnen Fallentypen eine geringere Zahl von Punkten als 400 ausreicht, z. B. für Antiklinalen und Dome 182, Verwerfungen 226, Fazies- und Permeabilitätsänderungen 62. In solchen Fällen wird die Erfolgswahrscheinlichkeit für die einzelnen Fallentypen unter Zugrundelegung der hierfür möglichen Maximalzahl von Punkten berechnet. Diese Werte sind für jedes

Tab. 2. Beispiel zur Bewertung der Erkundungskriterien nach GOTAUTAS

Subkategorie 2.2: Trends vorhanden
$a_1 = 1,\ d = 3,\ n = 3,\ S = 100$

Kriterium	Relative Wichtigkeit	Maximale Punktzahl
c) Ausgezeichnete Trendorientierung	7	50
b) Gute Trendorientierung	4	33
a) Geringe bis gar keine Trends	1	17

Rechenbeispiel:

Summe der relativen Wichtigkeiten: 12

Maximale Punktzahl von b): $\frac{4}{12} \cdot 100 = 33$

Gebiet unterschiedlich. Aus der nach dem GOTAUTASschen System ermittelten Erfolgswahrscheinlichkeit für eine einzige Bohrung läßt sich mit Hilfe der Binominalverteilung (s. u.) die Wahrscheinlichkeit für den Erfolg des Gesamtprojekts berechnen.

Einen anderen Weg zur Beurteilung der Erfolgsaussichten eines Erdölerkundungsprojektes hat SCHWADE (1967) gewählt. Der Methode liegt wieder ein sehr weitreichendes System von Erkundungskriterien zugrunde. Die geologischen Parameter werden hier nicht direkten Nachweiskriterien, sondern den drei wesentlichen Klassen lagerstättenbildender Faktoren zugeordnet:

A) den Bildungsbedingungen, B) den stratigraphischen Faktoren; C) den strukturellen Faktoren. Jede der drei Klassen (A, B, C) ist in mehrere Kategorien (I, II, III, ...) jeweils verwandter, aber verschiedener geologischer Parameter unterteilt. Jede der Kategorien besteht ihrerseits aus Subkategorien (a, b, c, ...) mit einer entsprechenden Anzahl von Parametern (1, 2, 3, ...). Insgesamt sind 198 geologische Faktoren tabellarisch zusammengestellt, die für eine Höffigkeitsprognose in Frage kommen. Da bestimmte Merkmalskomplexe einander ausschließen, können für die Bewertung eines einzelnen Projektes maximal 38 Parameter analysiert werden.

Zur Höffigkeitsprognose wird die erwartete Entwicklungsbedingung eines geologischen Parameters im Erkundungsgebiet mit seiner theoretisch möglichen optimalen Entwicklung in diesem Gebiet oder einem bereits untersuchten Bezugsobjekt in der Nachbarschaft verglichen. Mit dieser Abschätzung ist bereits ein Werturteil über die Güte des Analogieschlusses und die zu erwartende Sicherheit der Höffigkeitsprognose verbunden. Die Gefahr eines Fehlschlusses ist entsprechend groß. Allerdings bietet die große Anzahl der zur Verfügung stehenden geologischen Parameter eine ausreichende Garantie für eine richtige Entscheidung.

Die Abschätzung verläuft in mehreren Schritten. Zunächst schätzt man die relative Wichtigkeit jeder Kategorie innerhalb einer Klasse mit einem %-Wert ab; falls Subkategorien vorhanden sind, wird der Wert für die Kategorie je nach Bedeutung in relative Wichtigkeitswerte der Subkategorien geteilt. Die zur Kategorie oder Subkategorie beitragenden Komponenten werden nach ihrem Verhalten in bezug auf die mögliche optimale Ausbildung beurteilt. Der günstigste prozentuale Komponentenwert, multipliziert mit dem %-Wert der Kategorie oder Subkategorie, ergibt den Endwert, mit dem die Kategorie oder Subkategorie in die Rechnung eingeht. Zur Unterscheidung der geschätzten Wahrscheinlichkeiten dienen spezielle Bezeichnungen. Anstelle des günstigsten Komponentenwertes kann auch der Mittelwert für alle zusammengehörigen Komponenten verwendet werden.

Beispiel:

Die Klasse C der strukturellen Faktoren besteht aus den Kategorien:

C.I. — Falten;
C.II. — Verbiegungen;
C.III. — Verwerfungen, günstig für Falle;
C.IV. — Verwerfung, keine Fallen, aber beeinflussend;
C.V. — Geophysik;
C.VI. — geophysikalische Strukturinterpretation.

Wenn bekannt ist, daß das Projekt auf einer einfachen ungestörten Struktur liegt, wird man auf die Betrachtung der Kategorien C.II. bis C.IV. verzichten können.

Zur Kategorie C.I. gehören die Subkategorien:

C.I.a. — festgestellte Falle auf einem allgemeinen Trend;
C.I.b. — allgemeiner Faltungstrend, keine lokale Falle;
C.I.c. — festgestellte lokale Falle, Falte möglich, nicht nötig;
C.I.d. — zufällige Orientierung, keine lokalen Fallen.

Die Subkategorie C.I.b. enthält die folgenden Komponenten:

C.I.b.1 — stratigraphische Falle liegt vor;
C.I.b.2 — festgestelltes hydrodynamisches System;
C.I.b.3 — mögliches axiales Bruchsystem;
C.I.b.4 — Falle durch Querverwerfung;
C.I.b.5 — vermutete tieferliegende begrabene Struktur.

Die Bewertung kann etwa wie folgt getroffen werden:
Kategorien: C.I. — 40%, C.V. — 20%, C.VI. — 40%.
Subkategorien von C.I.: C.I.a. — 40%, C.I.b. — 40%, C.I.c. — 15%, C.I.d. — 5%. Im Vordergrund steht also die Ermittlung von Trends.
Komponenten: 1. — unbekannt, aber unwichtig, 2. — 90%, 3. — 70%, 4. — 80%, 5. — 50%. Eine Mittelbildung wäre hier ungeeignet. Zur Einschätzung der Subkategorie C.I.b. wird der optimale Parameterwert, der Wert von 2. gewählt: 90% · 40% = 36%. Mit diesem Wert geht die Subkategorie in die Rechnung ein.

Die Summe der Endwerte der Kategorien und Subkategorien unter jeder Klasse ergibt die prozentuale Wahrscheinlichkeit für die optimale Entwicklung der betreffenden Klasse. Das Produkt der Wahrscheinlichkeiten für die Klassen A, B, C ist als Erfolgswahrscheinlichkeit des Projektes definiert.

Der Vorteil der subjektiven Benotungsverfahren von GOTAUTAS und SCHWADE besteht in der großen Anzahl der für die Prognose berücksichtigten geologischen Kriterien, deren Komposition und relative Wertschätzung dem Geologen überlassen bleibt. In dieser Subjektivität liegen allerdings auch die Fehlerquellen der Verfahren. In jüngster Zeit macht man deshalb von Benotungsverfahren Gebrauch, die das Wahrscheinlichkeitsverhalten der geologischen Kriterien berücksichtigen.

Statistisch begründete Benotungsverfahren

KOSLOW & DWALI (1967) gehen bei der Prognostizierung von KW-Lagerstätten von der bedingten Verteilung bestimmter, in einer Rangfolge geordneter Erkundungsmerkmale X_i aus. $P(X_i/E)$ bezeichnet die bedingte Verteilung des Merkmals X_i unter der Bedingung, daß eine Erdöllagerstätte angetroffen wurde, $P(X_i/\bar{E})$ bezieht sich auf das Komplementärereignis. Die Werte jedes Merkmals werden Klassen zugeordnet. Als Rangkriterium ist die Summe der quadratischen Differenzen der $P(X_i/E)$ und $P(X_i/\bar{E})$ in jeder Klasse von X_i, bezogen auf die Summe $P(X_i/E) + P(X_i/\bar{E})$ in dieser Klasse, definiert. Im praktischen Fall wird man es mit relativen Häufigkeiten zu tun haben, aus denen man aber Vertrauensschätzungen für die gesuchte Wahrscheinlichkeit konstruieren kann. Die eigentliche Höffigkeitsprognose beruht auf einem sequentiellen Likelihood-Quotiententest. Nach dem Realisieren von Beobachtungen, d. h. der Ermittlung von Daten in einer Bohrung oder einem Aufschluß, wird anhand des Likelihood-Quotienten $P(X_i/E)/P(X_i/\bar{E})$ zu einer vorgegebenen Irrtumswahrscheinlichkeit α geprüft, ob das Untersuchungsobjekt zum Ereignis E (KW-Lagerstätte) oder zum Ereignis $\bar{E}$ (keine KW-Lagerstätte) gehört. Kann keine Entscheidung gefällt werden, wird das in der Rangfolge nächststehende Merkmal in die statistische Behandlung einbezogen. Das Verfahren wird fortgesetzt, bis eine im Sinne der mathematischen Statistik klare Aussage vorliegt. Dadurch ist es möglich, sich auf eine Mindestzahl von geologischen usw. Kriterien zur Höffigkeitsprognose zu beschränken und diese gebiets- und problemabhängig zu wählen. Voraussetzung zur Anwendung des sequentiellen Verfahrens ist allerdings die Kenntnis der bedingten Verteilung jedes in Betracht gezogenen Merkmals unter der Bedingung, daß eine KW-Lagerstätte vorliegt oder keine Lagerstätte ermittelt wurde. KOSLOW & DWALI geben an, daß bei einer statistischen Sicherheit von 95% gewöhnlich 13 Merkmale für die Erkundung struktureller Fallen ausreichen. Dies dürfte für Tafelgebiete zutreffen, bei komplizierten geologischen Verhältnissen wird sich die Anzahl der benötigten Merkmale erhöhen.

WYSOKOOSTROWSKAJA & SELENEZKIJ (1968) wählen als Grundlage für ein Benotungssystem der Erkundungskriterien die Menge an Information, die das betreffende Kriterium über das Erkundungsobjekt enthält. Die Erkundungsfläche wird mit einem quadratischen Raster derart belegt, daß innerhalb jedes Quadrats noch eine genügend starke Variation der geologischen, geophysikalischen usw. Bedingungen gesichert ist. Für jedes Merkmal X_i wird die Information $I(X_i, E)$ über das nachzuweisende Ereignis E, daß eine Lagerstätte vorliegt, berechnet und daraus die Stellung des Merkmals in der Rangfolge festgelegt. Voraussetzung ist wieder die Kenntnis der Verteilung. Aus den Summenwerten über alle Merkmale werden Isolinienkarten konstruiert, die die mögliche Lage höffiger Bereiche kennzeichnen. Die Methodik wurde an Erzlagerstätten erprobt. Ein Summenwert < 1 bezeichnete uninteressante Gebiete, während ein Wert > 5 für äußerst erzhöffige Gebiete charakteristisch war.

Die statistisch begründeten Benotungsverfahren gehen von der Verteilung der geologischen usw. Kriterien aus. Diese ist sicher — und wenn auch nur in den Verteilungsparametern — gebietsabhängig. Damit ist die Rangfolge der Kriterien variabel. Die praktische Anwendung der Methode ist auf einen Analogieschluß angewiesen.

Verfahren der klassischen Statistik

Die Höffigkeitsprognose beruht vielfach auf der Kenntnis der Wahrscheinlichkeitsverteilungen wichtiger Zielgrößen wie Anzahl der produktiven Bohrungen, Anzahl der anzutreffenden Lagerstätten, Vorratsmenge usw. Diese Verteilungen werden durch eine statistische Auswertung erfolgreicher Erkundungsprojekte ermittelt, wobei die relative Häufigkeit des Erfolgs mit der Erfolgswahrscheinlichkeit gleichgesetzt wird. Die Rechtfertigung dafür gibt das schwache Gesetz der großen Zahlen in der BERNOULLIschen Form. Bei einer geringeren Anzahl von Beobachtungen konstruiert man auch Konfidenzintervalle für die gesuchte Wahrscheinlichkeit.

Das bekannteste Wahrscheinlichkeitsgesetz für die Höffigkeitsprognose ist die Binomialverteilung. Sie dient zur Berechnung der Wahrscheinlichkeit dafür, daß von n Bohrungen genau k ein festgelegtes Kriterium X nachweisen, wenn die Wahrscheinlichkeit für den Erfolg einer einzigen Bohrung p bekannt ist:

$$P(X = k) = \binom{n}{k} p^k (1 - p)^{n-k} \quad (2)$$

Bei Vorgabe einer oberen Schranke für die Wahrscheinlichkeit eines vollständigen Mißerfolgs eines Projektes — $P(X = 0)$ — läßt sich die Zahl der notwendigen Bohrungen berechnen. Diese Schranke gibt GOTAUTAS mit 1% an. Die Größe $1 - P(X = k)$ oder $(1 - p)/p$ wird mitunter als Risiko definiert (z. B. bei VÖGL 1970, SCHOEMAKER 1968); sie sollte dann jedoch auf die Kosten und den erwarteten Gewinn einer Bohrung bezogen werden. Sinnvoll ist die Verwendung eines Risikobegriffs im Sinne der Entscheidungstheorie (s. u.).

Im Normalfall wird man bei der Erkundung von Erdöl und Erdgas die Höffigkeitsprognose auf mehreren Merkmalen begründen (siehe Benotungsverfahren) und auch mehrere höffige Objekte innerhalb einer Bohrung einkalkulieren. Zur Beschreibung der Wahrscheinlichkeit für das k_i-malige Antreffen bestimmter gleichartiger, aber innerhalb einer einzigen Bohrung einander ausschließender Kriterien X_i in einer Reihe von n Bohrungen dient die Multinomial- oder Polynomialverteilung, eine Verallgemeinerung der Binomialverteilung:

$$P\left(\bigcap_{i=1}^{m} X_i = k_i\right) = n! \prod_{i=1}^{m} \frac{p_i^{k_i}}{k_i!}, \quad \sum_i p_i = 1 \quad (3)^{1)}$$

Beispiel:

X_1 — Sandstein, X_2 — Tonstein, X_3 — Kalkstein, $p_1 = 0{,}5$; $p_2 = 0{,}3$; $p_3 = 0{,}2$.

Enthält ein Projekt k höffige Speicher, können insgesamt $\sum_{n=0}^{k} \binom{k}{n} = 2^k$ mögliche Ergebnisse für eine Bohrung auftreten, wenn mit n die Zahl der als produktiv nachgewiesenen Speicher bezeichnet wird. Zur Berechnung der Höffigkeitswahrscheinlichkeit benötigt man für das Gesamtprojekt:

1. die Wahrscheinlichkeit für die Existenz einer Falle p_F,

und für jede i-te höffige stratigraphische Einheit:

2. die Wahrscheinlichkeit für den Nachweis eines günstigen Speichers p_{Sp_i};

3. die Wahrscheinlichkeit für eine KW-Sättigung p_{KW_i}.

Da sich die Erkundung in mehreren Etappen vollzieht und vor dem Abteufen von Bohrungen die Lage möglicher Fallen, insbesondere struktureller Fallen (Salzstöcke, regionale Hochlagen), bereits durch geophysikalische u. a. Erkundungen erbracht wird, errechnet sich die Wahrscheinlichkeit für das Antreffen einer produktiven KW-Lagerstätte auf einer nachgewiesenen Struktur mit k höffigen Speichern gemäß

$$P\,(\text{Lagerstätte/Struktur vorh.}) = 1 - \prod_{i=1}^{k} (1 - p_{Sp_i} \cdot p_{KW_i}) \quad (4)$$

Die Höffigkeitswahrscheinlichkeit für das gesamte Gebiet ist dann:

$$P(\text{produktive Struktur}) = p_F \cdot P(\text{Lagerstätte/Struktur vorh.}) \quad (5)$$

Eine andere, erstmalig von ALLAIS (1957) für die Erzerkundung angewandte Prognosemethode geht davon aus, daß die Zahl der in einer bestimmten Menge von Bohrungen anzutreffenden wirtschaftlichen Lagerstätten einer Poissonverteilung genügt.

Von den stetigen Verteilungen haben sich vor allem die Lognormalverteilung und die Dreiecksverteilung zur Beschreibung des Wahrscheinlichkeitsverhaltens der relativen Größe von Lagerstätten, der Vorratsmenge, der produktiven Fläche usw. bewährt. Anwendungen geben z. B. ARPS (1958) und SMITH (1968) bekannt.

Diese Methoden der Höffigkeitsprognose haben in der Praxis einige Erfolge erbracht, ihre Brauchbarkeit ist jedoch sehr von der Erkundungssituation abhängig. Die Ermittlung des Wahrscheinlichkeitsgesetzes stützt sich auf statistisches Material aus größeren, guterkundeten Gebieten, die verschiedene Objekte mit oftmals sehr unterschiedlicher lokaler Entwicklung enthalten. Dadurch ist die Höffigkeitsprognose vielfach nur auf eine mittlere Vorhersage des Erfolgs für größere regionalgeologische Einheiten beschränkt. Das ist aber für die Praxis nicht ausreichend. Zur Beurteilung der lokalen Höffigkeit ist man auf einen Analogieschluß mit anderen, kleineren Erkundungsflächen angewiesen. Hierbei ist wieder die Spezifik des Gebietes zu beachten. Neben diesen Fehlern durch das geologische Modell existieren die Fehler durch das statistische Modell. Die Anwendung der Binomialverteilung setzt z. B. voraus, daß die Bohrungen unabhängig und bezüglich ihres Erfolges gleichwahrscheinlich sind. Das trifft aber sicher nicht zu, da in der Praxis meist erst das Ergebnis der einen Bohrung den Ansatzpunkt der nächsten Bohrung bestimmt.

---

[1]) $\cap$ bezeichnet den mengentheoretischen Durchschnitt der Elemente, d. h. ihr gemeinsames Auftreten.

Zeitschrift für angewandte Geologie, Bd. 18 (1972), Heft 4

Verfahren der Bayes-Statistik

Günstig für eine Höffigkeitsprognose sind Verfahren, mit denen man aus dem Eintreten eines Ereignisses A (Speicher, Struktur usw.) auf die Wahrscheinlichkeit gewisser Hypothesen B_k (produktiver Speicher, günstige Fazies, KW-Lagerstätte usw.) schließen kann. Diese Verfahren stützen sich auf den Satz von BAYES (siehe FISZ 1970):

$$P(B_k/A) = \frac{P(A/B_k)\,P(B_k)}{\sum\limits_i P(A/B_i)\,P(B_i)} \qquad (6)$$

Sind die a-priori-Wahrscheinlichkeiten $P(B_k)$ bekannt, kann man die a-posteriori-Wahrscheinlichkeiten $P(B_k/A)$ berechnen. Meist sind aber die $P(B_k)$ unbekannt, und man schreibt ihnen willkürliche oder durch die Kenntnis des Untersuchungsgegenstands begründete Werte zu. Ein solches subjektives Bewertungsschema für die a-priori-Wahrscheinlichkeit des Antreffens von Lagerstätten bei der Erdölerkundung hat z. B. HINTERHUBER (1966) aufgestellt; er ordnet den im Sprachgebrauch üblichen Wahrscheinlichkeitstermini wie „völlig sicher, sehr wahrscheinlich, recht wahrscheinlich, ..., unwahrscheinlich, ..., durchaus möglich, ...“, die das Werturteil des Geologen ausdrücken, genau abgestufte Dezimalzahlen von 0,0 bis 1,0 zu. Dieses Verfahren ist zwar unter dem Blickwinkel der klassischen Statistik recht problematisch, da dort die gesamte Information, die in die Entscheidung eingeht, aus Stichproben kommt. Der Bayesianer räumt dem Entscheidenden eine gewisse Willkürlichkeit bezüglich $P(B_k)$ ein. Dadurch besteht die Möglichkeit, zunächst mit wenig Informationen auszukommen. Besteht so gut wie keine detaillierte Vorkenntnis über das Gebiet, kann die Erkundungsfläche gedanklich in n gleiche Flächen geteilt und jede Teilfläche mit der a-priori-Wahrscheinlichkeit $P(B_k) = 1/n$ bewertet werden. Liegen detaillierte Informationen vor, können diese in einer Wahrscheinlichkeitsverteilung für die unbekannte Erfolgswahrscheinlichkeit formalisiert werden.

DOWDS (1969) hat mit Hilfe der Formel von BAYES die Wahrscheinlichkeit für das Antreffen von vier festgelegten Mächtigkeitsintervallen B_i $(i = 1, \ldots, 4)$ eines Speichers unter der Bedingung A, daß der Speicher überhaupt erbohrt wurde, untersucht. Vor dem Abteufen der ersten Bohrungen zum Zeitpunkt t_0 wurde das Erkundungsgebiet in vier gleiche Teile mit gleicher a-priori-Wahrscheinlichkeit $P(B_i) = 0{,}25$ geteilt. Aus der relativen Häufigkeit des Auftretens der verschiedenen Mächtigkeitsintervalle B_i in der ersten Bohrlochserie zum Zeitpunkt t_1 wurden die bedingten Wahrscheinlichkeiten $P(A/B_i)$ geschätzt und daraus die a-posteriori-Wahrscheinlichkeiten $P(B_k/A)$ $(k = 1, \ldots, 4)$ berechnet. Aus den Bohrergebnissen wurde weiterhin eine Isopachenkarte konstruiert; die daraus zu entnehmenden Flächenanteile der Mächtigkeitsintervalle B_i definierten die neuen a-priori-Wahrscheinlichkeiten $P(B_i)$, die der Berechnung neuer a-posteriori-Wahrscheinlichkeiten $P(B_k/A)$ aus den Ergebnissen der nächsten Bohrlochserie zum Zeitpunkt t_2 zugrunde gelegt wurden. Ein Rechenbeispiel ist in Tab. 3 wiedergegeben. Das Verfahren wird fortgesetzt, bis die Bohrergebnisse keine neuen Informationen mehr liefern. Um dies zu entscheiden, werden die Ereignisse B_i wie Realisierungen von Zufallsgrößen behandelt, die die Eigenschaften einer MARKOWschen Kette erfüllen. Das bedeutet, daß die Wahrscheinlichkeit für das künftige Ergebnis einer Bohrung nur vom gegenwärtigen Stand und nicht von der Vorgeschichte der Erkundung abhängt; diese Bedingung ist praktisch erfüllt. Die MARKOWsche Kette wird durch die Matrix der Übergangswahrscheinlichkeiten $p_{ki}(t_{n-1}, t_n)$ vom Zustand B_k zum Zeitpunkt t_{n-1} in den Zustand B_i zum Zeitpunkt t_n beschrieben. Die Erkundung kann abgebrochen werden, wenn sich die Werte der bedingten Entropien $H(A/B_k)$

$$H(A/B_k) = -K \sum_i P(B_i/B_k) \log P(B_i/B_k) \qquad (7)$$

nicht mehr wesentlich ändern. Sie werden für jede Zeile der Übergangsmatrix berechnet. Die Entropie ist ein Maß für die Unsicherheit einer Entscheidungssituation. Ihre Verringerung im Verlaufe der Erkundung zeigt die Verbesserung der Prognose an. Ein Entropiewert von 0 bedeutet völlige Sicherheit der Vorhersage. Die von DOWDS behandelte Problematik läßt sich beliebig abwandeln.

Tab. 3. Beispiel zum Verfahren von DOWDS

Situation zur Zeit t_0:

4 gleichgroße Flächen $F_1, \ldots, F_4$. Es wird angenommen, in jeder trete nur jeweils ein Ereignis B_i $(i = 1, \ldots, 4)$ auf.

$$P(B_1) = P(B_2) = P(B_3) = P(B_4) = 0{,}25$$

Ergebnisse von 10 Bohrungen pro Teilfläche zur Zeit t_1:

Bedingung B_1:	$2B_1$	$4B_2$	$3B_3$	$1B_4$
„ B_2:	$3B_1$	$4B_2$	$2B_3$	$1B_4$
„ B_3:	$1B_1$	$2B_2$	$2B_3$	$5B_4$
„ B_4:	$4B_1$	$0B_2$	$3B_3$	$3B_4$

Übergangsmatrix $((p_{ki}(t_0, t_1)))$

	B_1	B_2	B_3	B_4	Bedingte Entropie $H(A/B_k)$
B_1	0,2	0,4	0,3	0,1	$H_1 = 0{,}555$
B_2	0,3	0,4	0,2	0,1	$H_2 = 0{,}555$
B_3	0,1	0,2	0,2	0,5	$H_3 = 0{,}530$
B_4	0,4	0,0	0,3	0,3	$H_4 = 0{,}460$

a-posteriori-Wahrscheinlichkeiten

$$P(B_1/A) = \frac{0{,}25 \cdot 0{,}2}{0{,}25 \cdot 0{,}2 + 0{,}25 \cdot 0{,}3 + 0{,}25 \cdot 0{,}1 + 0{,}25 \cdot 0{,}4} = 0{,}2$$

$P(B_2/A)$, $P(B_3/A)$, $P(B_4/A)$ analog.

Entropieähnliche Ausdrücke wurden schon früher von DOWDS (1961) zur Charakterisierung von Entscheidungssituationen bei der Erkundung von Mehrkomponentensystemen benutzt, z. B. bei Systemen lithologischer Natur (Sand–Ton–Kalk), physikalischer Art (Gas–Öl–Wasser) usw. Die darauf aufbauende Methodik zur Prognostizierung der Lage und der Wahrscheinlichkeit möglicher KW-Akkumulationen wurde am Beispiel eines in mehreren stratigraphischen Einheiten höffigen Speichers erarbeitet und ist von allgemeiner Bedeutung. Aus der Häufigkeit des Antreffens produktiver Zonen wird die Wahrscheinlichkeit für KW-Akkumulationen p_i für jede Einheit jeder Bohrung geschätzt. Die nach dem natürlichen Logarithmus transformierten Wahrscheinlichkeiten werden in jeder Bohrung zu $Q = \sum\limits_i \ln p_i$ aufsummiert und aus den Summenwerten bei logarithmischer Interpolation entsprechende Isolinienkarten konstruiert. Die Kartenpunkte mit dem höchsten Summenwert Q bezeichnen die wahrscheinlichste Lage von KW-Vorkommen (s. a. Verfahren von WYSOKOOSTROWSKAJA & SELENÈZKIJ).

Ergebnisse der Entscheidungstheorie, eines speziellen Arbeitsgebietes der Stochastik, hat erstmals GRAYSON (1962) zur Höffigkeitsprognose aufgegriffen und damit den Anstoß für eines der aussichtsreichsten Arbeitsmittel der Erkundungsgeologie gegeben. Er ordnet der Menge der möglichen Ergebnisse einer Bohrung die Menge aller möglichen Entscheidungen zu. Diese Zuordnungsvorschrift heißt Entscheidungsregel. Zu jeder Entscheidungsregel gehört für ein konkretes Bohrergebnis ein „Verlust", der über die zu verausgabenden Mittel oder den in Aussicht stehenden Gewinn aussagt. Der Verlust ist eine Zufallsgröße. Der Berechnung der Verlustwerte für jede Entscheidungsregel werden angenommene Werte für die unbekannte Höffigkeitswahrscheinlichkeit p_i sowie die Menge der einkalkulierten Vorräte, die Erkundungskosten usw. zugrunde gelegt. Diese Höffigkeitswahrscheinlichkeit belegt man mit einer subjektiven a-priori-Wahrscheinlichkeitsverteilung $P(p_i)$. Über die Binomialverteilung lassen sich die bedingten Wahrscheinlichkeiten $P(k = 1/n, p_i)$ für den Erfolg einer einzigen Bohrung aus einer Reihe von n Bohrungen unter der Bedingung, daß der Wert p_i mit Wahrscheinlichkeit $P(p_i)$ gilt, berechnen. Daraus erhält man über die Formeln für die bedingte und totale Wahrscheinlichkeit die bedingte Wahrscheinlichkeit $P(k = 1/p_i)$ für den Erfolg einer Bohrung bei Gültigkeit von P_i und die unbedingte Wahrscheinlichkeit $P(k = 1)$.

Der Erwartungswert der bedingten Verluste für alle p_i definiert das bedingte Risiko einer speziellen Entscheidungsregel:

$$R = \sum_{p_i} (\text{Verlust}/p_i) P(\text{Verlust}/p_i) \qquad (8)$$

Die Entscheidungsregel mit dem minimalen bedingten Risiko wird für die Erkundung gewählt und darauf die Höffigkeitsprognose begründet.

Auf der Definition des Risikos als Erwartungswert des Verlustes beruht ein Entscheidungsmodell von MCCRAY (1969). Dabei wird jedoch nicht von der BAYESschen Formel Gebrauch gemacht, sondern von den aus früheren Untersuchungen bekannten klassischen Wahrscheinlichkeitsverteilungen für die Vorratsmenge ausgegangen. Es werden die Rechteckverteilung und die Dreieckverteilung benutzt.

Die auf der Formel von BAYES begründeten Verfahren der quantitativen Höffigkeitsprognose entsprechen weitestgehend den realen Bedingungen der Erkundung. Die Schrittverfahren vermeiden viele Nachteile der klassischen Wahrscheinlichkeitsverteilungen und gestatten schon im Frühstadium der Erkundung, wenn noch sehr dürftige Informationen vorliegen, eine Höffigkeitseinschätzung. Die entscheidungstheoretischen Verfahren ermöglichen eine klare ökonomische Fassung des Erkundungsrisikos. Alle anderen Risikodefinitionen sind problematisch.

Zusammenfassung

Nach Darlegung der Schwierigkeiten einer exakten Höffigkeitsprognose bei der Erkundung nutzbarer Bodenschätze werden die Notwendigkeit einer quantitativen mathematischen Höffigkeitsprognose begründet, ihre wichtigsten Arbeitsrichtungen erläutert und einer kritischen Betrachtung unterzogen. Die Wahl der Prognosemethodik wird nach wie vor von der Erkundungssituation abhängig zu machen sein. Diese Wahl kann dem Geologen erleichtert werden, wenn er um das Wesen und die Grenzen des dabei anwendbaren mathematischen Apparats Bescheid weiß. Am aussichtsreichsten erscheinen gegenwärtig Verfahren, die sich auf theoretische Ergebnisse der Entscheidungstheorie stützen und die die Menge an Information, die in den geologischen, geophysikalischen usw. Kriterien über das Erkundungsobjekt enthalten ist, sinnvoll verwerten. Auf die typisch geowissenschaftlichen Arbeitsmittel wird man jedoch in keinem Fall verzichten können.

Резюме

После изложения трудностей, возникающих при точном прогнозе перспективности при разведке полезных ископаемых, обосновывается необходимость количественного математического анализа перспективности, указываются важнейшие направления работы и подвергаются критическому рассмотрению. Методика прогноза должна, также как и раньше, зависеть от ситуации разведки. Можно облегчить геологу этот выбор, если он располагает достаточными знаниями о сущности и пределах применяемого при этом математического аппарата. Наиболее перспективными кажутся в настоящее время способы, которые опираются на теоретические результаты теории решения и которые рационально используют количество информации, содержащейся в геологических, геофизических и т. д. критериях об объекте разведки. Но все таки ни в коем случае нельзя отказываться от типично геонаучных методов работы.

Summary

After describing the difficulties encountered in prognosticating exactly useful mineral resources, reasons are given for the necessity of a quantitative mathematical prognosis of prospects, with a discussion of its most important fields of activity and a critical consideration. Now as before, the choice of the prognostic technique will be made dependent on the exploratory situation. In this choice working facilities can be afforded for the geologist if he knows of the nature and limits of the mathematical apparatus to be used for the purpose. At present, most promising are those methods which are based on theoretical results of the theory of decision-making, and by which the quantity of informations contained in geological, geophysical and other criteria on the object to be explored are utilized properly. Typical geoscientific instruments, however, can by no means be abandoned.

Literatur

ALLAIS, M.: Method of appraising economic prospects of mining exploration over large territories. – Management Sci., **3** (1957).

ARPS, J. J.: Profitability of capital expenditures for development drilling and producing property appraisal. – Trans. AIME, **213**, T. P. 8046, S. 337–344 (1958).

DOWDS, J. P.: Mathematical probability is an oil search tool. – World Oil 153, 4, S. 99–106 (1961).

– Statistical geometry of petroleum reservoirs in exploration and exploitation. – J. Petrol. Technol., XXI, 7, S, 841–852 (1969).

FISZ, M.: Wahrscheinlichkeitsrechnung und mathematische Statistik. – Berlin 1970.

GOTAUTAS, V. A.: Quantitative analysis of prospect to determine whether it is drillable. – Bull. AAPG, **47**, 10, S. 1794–1812 (1963).

GRAYSON, jr., C. J.: Bayesian analysis – a new approach to statistical decision making. – J. Petrol. Technol., XIV, 6, S. 603–607 (1962).

HINTERHUBER, H.: Was heißt und zu welchem Zweck betreibt man Unternehmensforschung? – Erdöl-Z., **82**, 9, S. 363–371 (1966)

KOSLOW, W. F., & M. F. DWALI: Opyt primenenija posledovatel nogo statističeskogo analiza dlja vyjavlenija kompleksa kriteriev ocenki promyšlennoj neftenosnosti lokal'nych struktur. – Geol. nefti i gaza, 2, S. 1–7 (1967).

MCCRAY, A. W.: Evaluation of exploratory drilling ventures by statistical decision methods. – J. Petrol. Technol., XXI, 9, S. 1199–1209 (1969).

SCHOEMAKER, R. P.: A graphical short-cut for rate of return determinations. – World Oil, **157**, 1, S. 73–84, 2, S. 69–73, 4, S. 64–68 (1963).

SCHWADE, I. T.: Geologic quantification description-numbers-success ratio. – Bull. AAPG, 51, 7, S. 1215–1239 (1967).

SMITH, M. B.: Estimate reserves by using computer simulation method. – Oil & Gas J., **66**, 11, S. 81–84 (1968).

VÖGL, E.: Die Quantifizierung der Unsicherheit und des wahrscheinlichen Gewinns in der Erdöl-Erdgas-Exploration bzw. -Exploitation. – Erdöl-Z., **86**, 7, S. 266–283 (1970).

WYSOKOOSTROWSKAJA, E. B., & D. S. SELENEZKIJ: O količestvennoj ocenke perspektiv territorii pri poiskach mestorozdenij rudnych poleznych izkopaemych. – Sowjetskaja geol., **11**, 9, S. 58–71 (1968).

Zeitschrift für angewandte Geologie, Bd. 18 (1972), Heft 4

Ermittlung des Grades der Inhomogenität von Körnungsbändern mit Hilfe des Kleinrechners Cellatron SER 2c

PETER BILZ, Leipzig, & ALICE MORENZ, Regis-Breitingen

(Veröffentlichung aus den Hauptabteilungen Bodenmechanik und Strategie des VEB BKK Regis)

Einleitung

In der Bodenmechanik und der Ingenieurgeologie gilt von jeher die Kornverteilung als ein Hauptmerkmal für die Einteilung der Lockergesteine nach bodenphysikalischen und bautechnischen Gesichtspunkten. Neben den Hauptbodenarten (TERZAGHI & PECK 1961) muß in der Bautechnik und im Bergbau vielfach das Verhalten von Bodengemischen und Übergangsböden beurteilt werden. Besonders im Straßen- und Dammbau werden unter Mischböden körnige Bodenarten verstanden, die einen in weiten Grenzen schwankenden Gehalt bindiger Anteile aufweisen (VOSS, SIEDECK & FLOSS 1966). Diese Böden besitzen eine erhebliche Variationsbreite im Kornaufbau und große Unterschiede in den plastischen Eigenschaften. Als Beispiele sollen Verwitterungsprodukte von Felsgesteinen, Geschiebemergel, bindige Kies- und Schotterböden genannt werden. Das bodenphysikalische Verhalten derartiger Mischböden entspricht je nach den am Aufbau beteiligten Bodenarten und ihren Anteilen dem Charakter bindiger oder nichtbindiger Böden. Unter den Verhältnissen der Braunkohlentagebaue bezeichnet man mit dem Begriff „Mischböden" jedoch ein bei entsprechender geologischer Situation aus der Folge Abbau—Transport—Verkippung entstandenes Gemisch, das sich in seinem Gefüge von den vorgenannten „natürlichen Mischböden" unterscheidet (BILZ 1969, 1970a, b). Ein Übertragen der in der Bodenmechanik gültigen Vorstellungen von der Homogenität des Materials auf Mischböden ist nicht mehr ohne grobe Näherungen möglich, wenn man nicht aus makroskopischer Sicht hohe Heterogenität bereits wieder als Homogenität ansieht.

Ziel der Untersuchungen, über die im folgenden berichtet werden soll, war es, für Körnungsbänder (Bündel von Kornverteilungslinien) einen Ausdruck zur quantitativen Bewertung der Streubreite der verschiedenen Kornanteile zu finden.

Beurteilung von Formeln aus der Literatur hinsichtlich ihrer Brauchbarkeit zur Erfassung der Inhomogenität

Es wurden zunächst aus der Literatur solche Funktionen bzw. Gesetzmäßigkeiten ausgewählt, die entweder mehrere Punkte oder den gesamten Verlauf einer Kornverteilungslinie erfassen. Die Vergleiche wurden an Hand möglichst stark voneinander abweichender Körnungsbänder, die in Abb. 1 und 2 dargestellt sind, durchgeführt. Als Maß der Sortierung von mindestens 100 Einzelkörnern gibt GRY (aus: KÖSTER 1964) die Hauptkorngrößenfraktionen H an:

$$H = G - \frac{(G-V)}{2} \cdot \frac{(V-F)}{2G-F-V} \quad \text{für} \quad V \geqq F \qquad (1a)$$

bzw.

$$H = G - \frac{(G-F)}{2} \cdot \frac{(F-V)}{2G-F-V} \quad \text{für} \quad F \geqq V \qquad (1b)$$

worin:

G — Gewichtsanteil der am häufigsten vertretenen Fraktion,
V — Gewichtsanteil der ihr vorhergehenden Fraktion,
F — Gewichtsanteil der ihr folgenden Fraktion.

Ebenfalls drei markante Punkte einer Kornverteilungslinie erfaßt der Abstufungsgrad C (siehe bei: KÉZDI 1964)

$$C = \frac{d_{30}^2}{d_{60} \cdot d_{10}} \qquad (2)$$

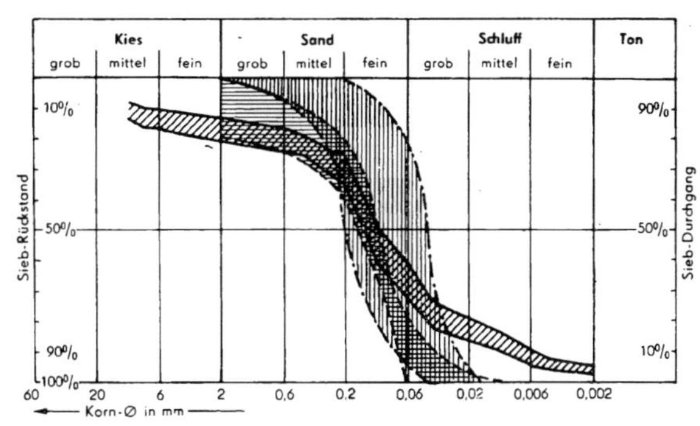

Abb. 1. Natürliche und künstliche Körnungsbänder als Beispiele zur Ermittlung des Grades der Inhomogenität
Von rechts oben nach links unten schraffiert — Beispiel 1 der Tab. 1; gekästelt — Beispiel 2 der Tab. 1; senkrecht schraffiert — Beispiel 3 der Tab. 1.

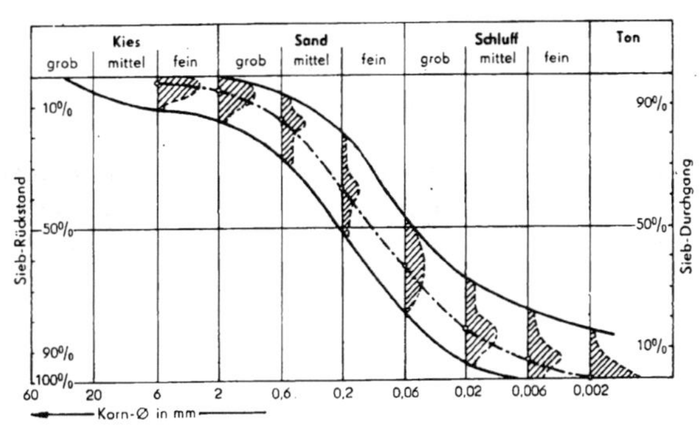

Abb. 2. Streubereich (Körnungsband) der echten Kornanteile des Kippenmischbodens P

Eingang des Manuskripts in der Redaktion: 4. 8. 1971.

worin:

d_x — Korndurchmesser bei x % Siebdurchgang.

Es wurde versucht, über die Abweichung bzw. Streuung der beiden vorgenannten Kenngrößen gegenüber der nach KÉZDI (1964) ermittelten „Schwerelinie" des Körnungsbandes einen repräsentativen Faktor zu erhalten. Die Aussagen waren unbefriedigend; denn es wurden für hinsichtlich der gesamten Streubreite des Körnungsbandes ähnliche Beispiele stark abweichende Größen errechnet.

LOMTADSE (1955) gibt einen Ungleichförmigkeitsgrad nach „Swirstroi" aus der Auftragung der Kornklassenhäufigkeit über log d an, der von den Verf. sowohl für die „Schwerelinie" als auch für die obere und untere Grenzlinie des Körnungsbandes ermittelt wurde. Auch hier ergaben die berechneten Relationen (bezogen auf die „Schwerelinie") kein eindeutiges Maß für die Inhomogenität, da sich Bänder mit geringer („homogener") nur unwesentlich von solchen mit großer Streubreite unterschieden. Die Kornverteilungslinie stellt, im Grunde genommen, eine Integralkurve dar (KÉZDI 1964), die zeigt, in welchem Masseanteil Körner vorkommen, die größer bzw. kleiner als ein gegebener Durchmesser sind. Die Häufigkeit der Körner in einem bestimmten Intervall und die Verteilungslinie derselben stehen miteinander in mathematischer Beziehung. Dabei folgen die Häufigkeitslinien einem Wahrscheinlichkeitsgesetz. Es ist notwendig, für Lockergesteine die Häufigkeitsverteilung symmetrisch zu gestalten (z. B. durch Darstellung der Häufigkeit als Funktion des Logarithmus der Korngröße), da die gebräuchlichen Wahrscheinlichkeitskurven nur bei symmetrischer Verteilung anwendbar sind. Nach Untersuchungen von JAKY (JARAY 1955; KÉZDI 1964) entspricht das mit dem Korndurchmesser d_x kongruente Gewicht desselben der Wahrscheinlichkeitskurve

$$F_x = f(x) = e^{-\left(\frac{x}{p}\right)^2} \tag{3}$$

worin:

$$x = \ln \frac{d_x}{d_{max}}$$

d_x — betrachteter Korndurchmesser,

d_{max} — maximaler Korndurchmesser,

$p = \frac{x}{y} = x_0$ — Kornverteilungsindex,

$\frac{1}{p}$ — Richtungstangente.

In dem speziellen Koordinatensystem von JAKY erhält man die Kornverteilungslinien als Gerade. Auf der Basis der Exponentialfunktion (3) wurde nunmehr versucht, mit Hilfe der Methode der kleinsten Quadrate die Inhomogenität eines Körnungsbandes in bezug auf die der „Schwerelinie" nahekommende Mittellinie auszudrücken. Da hierbei die Werte y_i und x_i bekannt sind, bestand die Aufgabe darin, als gemeinsames Kennzeichen aller im Körnungsband erhaltenen Kurven den Faktor p zu bestimmen:

$$F(p) = \sum_{i=1}^{n} [y_i - f(x_i)]^2 \tag{4}$$

Das Ergebnis dieser Untersuchungen konnte ebenfalls nicht befriedigen. Die Ursache ist darin zu suchen, daß die Streubreiten der betrachteten Körnungsbänder in den oberen und unteren Endbereichen teilweise sehr stark auffächern. Als allgemeingültiges Ergebnis dieser Betrachtungen kann jedoch zusammengefaßt werden:

Die von KÉZDI (1964) angegebene Beziehung für den Kornverteilungsindex

$$p_m = 2{,}3 \cdot \log \frac{d_{max}}{d_{37}}$$

erfaßt sehr gut die mittleren Verhältnisse.

Die Wahl des Wertes d_{max} beeinflußt stark die Genauigkeit der Widerspiegelung der tatsächlichen Werte. Bei langgestreckten Linien (große Ungleichförmigkeit und damit $p = 3 \cdots 5$) muß $d_{max} = d_{100}$ gesetzt werden, bei steileren (kleine U und somit $p \approx 1{,}5$) hingegen $d_{max} = d_{90\ldots95}$.

Empirische Ermittlung eines Grades der Inhomogenität

Für beliebige, in einem Körnungsband vorkommende Korndurchmesser lassen sich nach den Gesetzen der mathematischen Statistik das arithmetische Mittel $\bar{x}$, die mittlere quadratische Abweichung s^2 bzw. die Streuung s sowie der Variationskoeffizient v berechnen (s. a. STORM 1965). Dabei ergeben die $\bar{x}$-Werte (Ordinatenwerte) eine der „Schwerelinie" sehr nahekommende Mittellinie des Körnungsbereiches, während der Variationskoeffizient die Standardabweichung der Randwerte von diesem Mittelwert zum Ausdruck bringt. Verknüpft man nunmehr den mittleren Variationskoeffizienten $\bar{v}$ mit der auf die Mittellinie bezogenen „Steilheit" $S_{\bar{x}}$, dann erhält man einen Ausdruck, der als Grad der Inhomogenität eines Bodengemisches IH bezeichnet wird (BILZ 1969) und folgendermaßen zu berechnen ist:

$$IH = \frac{\bar{v}}{100 \cdot S_{\bar{x}}} \tag{5a}$$

mit

$$\bar{v} = \frac{1}{n} \sum \frac{v}{\bar{x}}$$

$$S_{\bar{x}} = \frac{d^2_{(\bar{x}=30)}}{d_{(\bar{x}=60)} - d_{(\bar{x}=10)}} \tag{6}$$

Es ist zu beachten, daß im Gegensatz zum Abstufungsgrad C nach Gleichung (2) die vom Verf. eingeführte Steilheit S_x als Nenner die Differenz der Korndurchmesser bei 60 bzw. 10% Siebdurchgang enthält!

Für die ausgewählten Beispiele ergeben sich die in Tab. 1 aufgeführten IH-Werte.

Tabelle 1

Beispiel	nach Gleichung (5a)	nach Gleichung (5)	Bezeichnung
Abb. 1, Nr. 1	4,85	3,0	homogen
Abb. 1, Nr. 2	4,3	6,5	inhomogen
Abb. 1, Nr. 3	13,9	8,4	inhomogen
Abb. 2	29,35	4,8	inhomogen
Abb. 3	–	1,7	homogen

Vergleicht man diese Bodengemische und die zugehörigen IH-Werte miteinander, so kann man feststellen, daß die Breite des Streubereichs durch IH repräsentativ

Tab. 2. Ermittlung des Grades der Inhomogenität für Kornanteilbereiche (Datenblatt)

dx	0,006	0,01	0,02	0,063	0,1	0,2	0,63	1,0	2,0	6,3	10,0
1	10,4	12,3	15,2	20,9	24,8	35,0	59,3	70,2	79,0	85,8	88.7
2	17,3	20,0	25,3	35,6	41,9	53,9	73,3	77,7	83,2	93,4	95,2
3	19,3	22,2	25,4	33,0	40,0	42,5	55,3	65,7	75,3	88,0	92,5
4	13,9	17,1	23,1	33,2	38,7	53,5	82,6	88,4	92,1	95,5	96,1
5	26,5	30,7	39,4	52,0	57,1	72,9	84,5	88,1	91,5	94,9	95,6
6	14,9	17,6	23,1	33,5	38,0	51,3	69,9	75,3	79,0	88,0	92,8
7	13,8	17,8	24,2	42,3	43,7	59,1	82,8	87,8	91,5	95,7	96,9
8	13,5	15,9	20,4	30,1	36,5	50,1	71,1	75,9	81,6	90,3	91,9
9	13,6	18,0	25,5	38,1	45,5	58,5	80,5	85,3	89,2	94,0	96,7
10	12,2	20,8	22,4	41,2	42,7	56,7	79,0	84,0	88,2	92,7	93,6
11	12,5	16,8	24,7	35,8	42,2	58,2	80,7	85,7	90,4	95,7	97,4
12	23,5	26,5	31,8	43,3	48,7	60,4	73,6	76,3	78,7	85,8	89,9
13	16,4	21,6	28,4	38,5	44,0	57,8	82,1	87,1	91,1	94,8	95,8
14	20,9	25,1	32,0	42,0	46,6	59,1	77,2	81,2	84,9	90,3	92,0
15	14,5	19,0	25,7	36,7	41,5	56,1	78,8	84,8	88,2	92,9	94,6
16	14,5	20,0	26,5	40,0	48,2	61,9	85,5	90,8	94,9	89,2	98,5
17	14,1	18,8	26,5	37,7	43,9	57,2	77,2	81,8	86,7	93,2	96,0
18	17,8	22,0	28,2	42,5	43,6	58,3	82,4	87,5	91,4	95,9	96,7
19	10,0	12,5	17,1	26,4	30,8	37,2	57,7	63,2	70,0	83,6	88,3
20											
21											
22											
23											
24											
25	−1	−1	−1	−1	−1	−1	−1	−1	−1	−1	−1

Tab. 3. Ermittlung des Grades der Inhomogenität *IH* für Kornanteilbereiche

Auftr. Nr.	d_x	x_{max}	x_{min}	n	$\bar{x}$	s	v	$\bar{v}$	$S_{\bar{x}}$	$U_{\bar{x}}$	IH	Bemerkung
	0,006	26,50	10,00	19,00	15,77	4,28	27,10					
	0,010	30,70	12,30	19,00	19,72	4,48	22,70					
	0,029	39,40	15,20	19,00	25,52	5,37	21,00					
	0,063	52,00	20,90	19,00	37,04	6,84	18,50					
	0,100	57,10	24,80	19,00	42,02	6,84	16,30					
	0,200	72,90	35,00	19,00	54,72	8,80	16,10					
	0,630	85,50	55,30	19,00	75,45	9,18	12,20					
	1,000	90,80	63,20	19,00	80,88	7,99	9,90					
	2,000	94,90	70,00	19,00	85,63	6,75	7,90					
	6,300	98,20	83,60	19,00	92,04	4,11	4,50					
	10,000	98,50	88,30	19,00	94,12	3,06	3,30					
								14,5	0,00327	77,5	1,66	

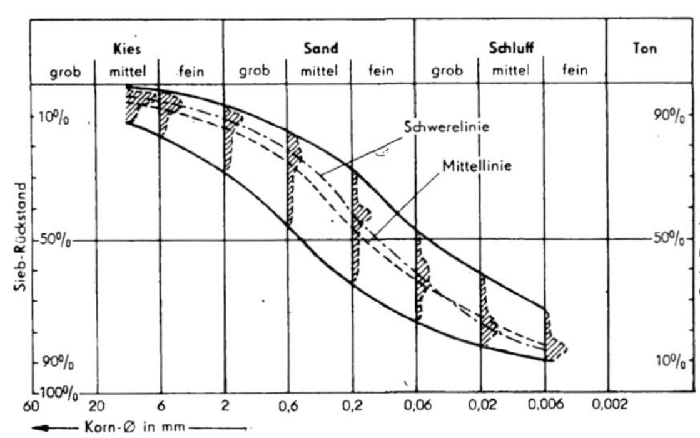

Abb. 3. Streubereich (Körnungsband) der echten Kornanteile des Kippenmischbodens *H*

erfaßt und daß durch die Verknüpfung mit der Steilheit der Ungleichförmigkeit Rechnung getragen wird. Weitere Vergleichsrechnungen an künstlich konstruierten Körnungsbändern haben ergeben, daß

1. bei gleicher Steilheit $S_{\bar{x}}$ der Grad der Inhomogenität *IH* der Breite des Körnungsbandes direkt proportional ist (entsprechend $\bar{v}$);
2. bei gleicher Neigung der „Schwerelinie" *IH* um so mehr ansteigt, je feinkörniger das Material ist;
3. bei konstantem d_{30} die *IH*-Werte mit dem Ungleichförmigkeitsgrad ansteigen.

Diese Resultate führten zu der Schlußfolgerung, daß Gleichung (5a) keine eindeutige Aussage bezüglich der Inhomogenität zuläßt. Systematische Auswertungen bei Variation des mittleren Ungleichförmigkeitsgrades $U_{\bar{x}}$ und des mittleren Variationskoeffizienten $\bar{v}$ führten dazu, die Gleichung (5a) umzustellen und einen Korrekturfaktor k einzuführen (BILZ 1971b):

$$\boxed{IH = k \cdot \bar{v} \cdot S_{\bar{x}}} \qquad (5)$$

Der Korrekturfaktor k kann nach Abb. 4 als Funktion von $U_{\bar{x}}$ ermittelt werden.

Eine Vielzahl von Vergleichsrechnungen hat die Notwendigkeit dieser Korrektur der Gleichung (5a) bestätigt. Die bisherigen Auswertungen ermöglichen auch den Vorschlag der Einteilung von Mischböden entsprechend ihrem Grad der Inhomogenität:

$0 < IH \leqq 3$	homogen,
$3 < IH \leqq 10$	inhomogen,
$IH > 10$	stark inhomogen.

Da die Ermittlung der Parameter $\bar{v}$ und $S_{\bar{x}}$ in Gleichung (5) einen relativ hohen Aufwand an Rechenzeit

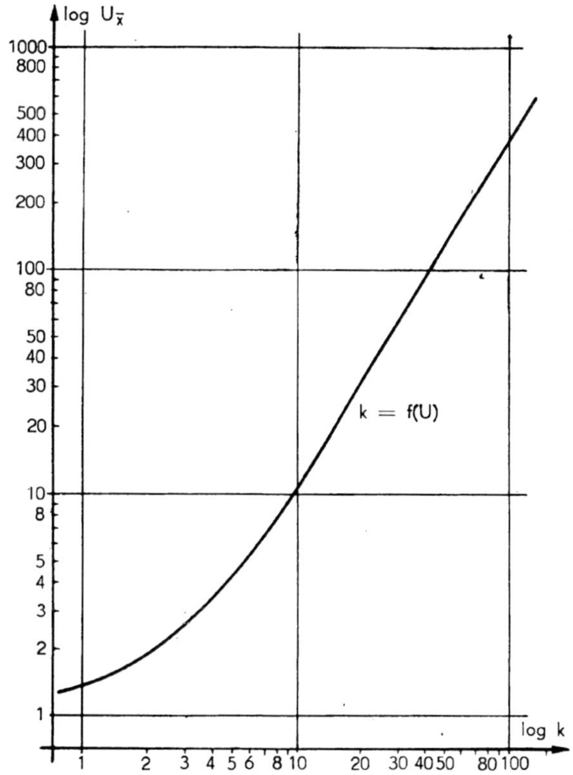

Abb. 4. Abhängigkeit des Korrekturfaktors k in Gl. (5) vom Ungleichförmigkeitsgrad $U_{\bar{x}}$

vor allem dann erfordert, wenn in einem Körnungsband eine Vielzahl von Kornverteilungslinien enthalten sind, wurde zur rationellen Anwendung dieser neuen Kenngröße eine Aufbereitung für den in vielen Institutionen vorhandenen Kleinrechner Cellatron SER 2c vorgenommen.

EDV-gerechte Bearbeitung

Eingangsdaten

Bei der Aufbereitung des Problems für den Kleinrechner SER 2c bestand die Aufgabe darin, die Eingangsdaten

d_x — Abszissenwerte = Siebdurchmesser (mm) und
x_i — Ordinatenwerte = Siebdurchgang (%)

zur Gleichung (5) zu verknüpfen.

Dabei gehen die Wertepaare für $k = f(U_{\bar{x}})$ als konstante Daten in die Rechnung ein.

Eine Zusammenstellung der Eingangsdaten enthält Tab. 2.

Erläuterung des Programmablaufplans

Aus Abb. 5 ist die Darstellung des Programmablaufplans ersichtlich. Die Symbolik entspricht der TGL 22451 und ist in dieser Weise allgemein üblich, so daß eine eingehendere Erläuterung unterbleiben kann.

Der Programmablauf enthält verschiedene Zyklen, z. B. für die Berechnungen von x_{max}, x_{min}, für die Durchführung der Interpolation u. a.

Die Bestimmung der Quadratwurzel wird durch ein Unterprogramm realisiert. Die Programmierung selbst bereitete wegen der geringen Speicherkapazität des Kleinrechners SER 2c einige Schwierigkeiten, wobei nicht auf externe Befehle verzichtet werden konnte. Nur dadurch gelang es, eine dreifache Belegung der Speicherplätze zu erreichen und damit die Aufgabe erfolgreich zu lösen.

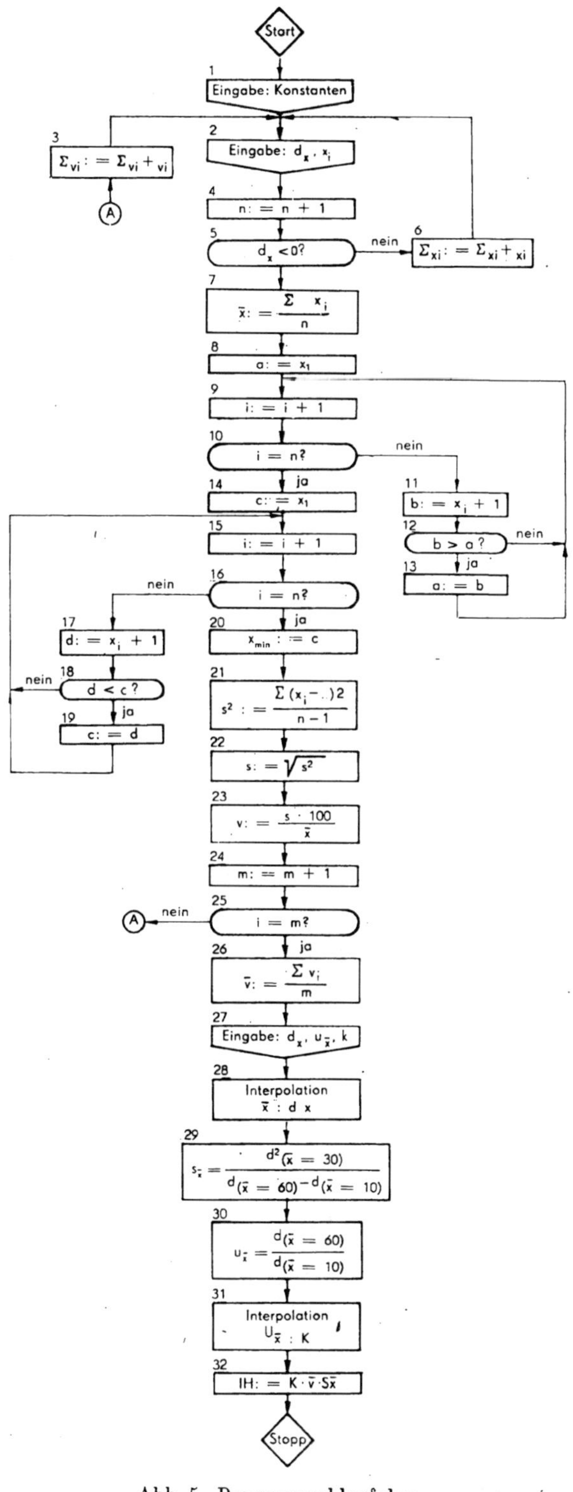

Abb. 5. Programmablaufplan

Ausgangsdaten

Die Ergebnisse des maschinellen Ausdrucks erscheinen im Ausdrucksformular (Tab. 3) und sind in dieser Weise für den Fachingenieur direkt verwendbar.

Als wichtige Ausgangsdaten ergeben sich:

Ordinaten der Grundwerte x_{max} und x_{min}, Ordinate des Mittelwertes $\bar{x}$, Streuung s, Variationskoeffizient v, mittlerer Variationskoeffizient $\bar{v}$, mittlere Steilheit $S_{\bar{x}}$, mittlerer Ungleichförmigkeitsgrad $U_{\bar{x}}$ und schließlich der Grad der Inhomogenität IH.

Einschätzung des Nutzens

Während bisher zur Ermittlung des Grades der Inhomogenität bei manueller Berechnung für 25 Kornverteilungen insgesamt sieben Ingenieurstunden erforderlich waren, benötigt der Rechner dafür nur 25 Minuten. Das Ablochen der Eingangsdaten dauert etwa 10 Minuten.

Die Programmierung der Aufgabe ist deshalb ein echtes Beispiel dafür, wie durch Verlagerung ingenieurtechnischer Routinearbeiten auf Rechenautomaten wertvolle Kapazität für andere Aufgaben freigesetzt werden kann.

Zusammenfassung

Zur Erfassung der Inhomogenität des Körnungsbandes von Bodengemischen, d. h. der Streubreite und der Neigung desselben, wurden Versuche unternommen, aus der Literatur bekannte Methoden zur Charakterisierung von Kornverteilungslinien (z. B. nach KÉZDI, JARAY und GRY) zu verwenden. Da die Ergebnisse in allen Fällen unbefriedigend waren, wird ein Vorschlag unterbreitet, der in der Verknüpfung des mittleren Variationskoeffizienten des Körnungsbandes, bezogen auf die Mittellinie, mit der „Steilheit" desselben besteht. Der neue Ausdruck wird als „Grad der Inhomogenität" IH bezeichnet. An einer Reihe von Beispielen erfolgt die Illustration der neuen Methode.

Die Programmierung für den Kleinrechner Cellatron SER 2c ermöglicht eine rationelle Bestimmung dieser neuen Kenngröße, wobei die Labordaten von maximal 25 Kornverteilungen direkt vom Rechner verarbeitet werden.

Резюме

Для учета неоднородности кривых гранулометрического состава грунтовых смесей, т.е. ширина разброза и их уклон, были предприняты попытки использовать известные из литературы методы для характеристики кривых гранулометрического состава (напр. по КЕЗДИ, ЯРАЙ, ГРИ). Т.к. результаты были во всех случаях не удовлетворительными, выносится предложение, которое состоит в связи среднего коэффициента вариации кривых гранулометрического состава, отнесенного к средней кривой, с её „крутизной". Новое понятие обозначается как „степень неоднородности" IH. Новый метод иллюстрируется рядом примеров.

Программирование для малого вычислительного устройства Целлатрон SER 2c делает возможным рациональное определение этого нового параметра, причем лабораторные данные макс. 25 гранулометрических составов обрабатываются непосредственно от вычислительного устройства.

Summary

Attempts were made to use methods known from the literature for characterizing lines of grain-size distribution (for example according to KÉZDI, JARAY, GRY) with a view to determining the inhomogeneity of the granulometric band of soil mixtures, i. e. its width of scattering and inclination. As in all cases the results were unsatisfactory, a suggestion is presented and consists in connecting the mean coefficient of variation of the granulometric band, referred to the centre line, with its "steepness". The new expression is designated as "degree of inhomogeneity" IH. The new method is illustrated by a number of examples.

A programming for the small computer Cellatron SER 2c makes it possible to determine the new characteristic rationally, with a maximum of 25 laboratory data being directly processed by the computer.

Literatur

BILZ, P.: Beitrag zur Erfassung des Fließverhaltens bindiger Mischbodenkippen. – Bergbautechnik, **20**, 3, 156–162 (1970) [1970a].

– К процессу текучести отвалов из связных смешанних грунтов. – Proceed. 2nd Seminar on Soil Mechanic and Found. Eng., Łódź 1970 [1970b].

– Beitrag zur Erfassung der Standsicherheitsverhältnisse an bindigen Mischböden mit Fließcharakter. – Diss. Bergakad. Freiberg 1969 (dgl.: Freiberger Forsch.-H., A 488, 1971) [1971a].

– Kennzeichnung der Heterogenität bindiger Mischböden. – Proceed. 4. Budapester 3. Donau-Europäische Konferenz f. Bodenmechanik und Grundbau, Budapest 1971 [1971b].

JARAY, J.: Zusammenhang zwischen der gesamten Kornoberfläche und der Fließgrenze von Böden. – Gedenkbuch für Prof. JAKY, 143–164, Budapest 1955.

KÉZDI, A.: Bodenmechanik. – Bd. I, Verl. für Bauwesen, Berlin 1964.

KÖSTER: Granulometrische und morphometrische Methoden an Mineralkörnern, Steinen und sonstigen Stoffen. – F. Enke Verlag, Stuttgart 1964.

LOMTADSE, W. D.: Bodenphysikalisches Praktikum. – Verlag Technik, Berlin 1955.

STORM, R.: Wahrscheinlichkeitsrechnung, mathematische Statistik und statistische Qualitätskontrolle. – Fachbuchverlag, Leipzig 1965.

TERZAGHI, K., & R. B. PECK: Die Bodenmechanik in der Baupraxis. – Springer-Verlag, Berlin, Göttingen, Heidelberg 1961.

VOSS, R., P. SIEDECK & R. FLOSS: Untersuchungen an bindigen Mischböden. – Forsch.-Ber. Bundesanst. für Straßenwesen, Köln 1966 (F. A. S. 45a, unveröff.).

TGL 22451: Graphische Darstellung von Datenflüssen und Programmabläufen in Systemen, in denen wissenschaftliche, technische und ökonomische Berechnungen, Verwaltungsarbeiten, Fertigungssteuerungen, Meßwertverarbeitungen ausgeführt werden.

Die sanitäre Schutzzone bei der Schaffung unterirdischer Speicher für flüssige Industrieabgänge

P. P. KOSTIN, UdSSR

In den Fällen, in denen flüssige industrielle Abgänge nicht mit gewöhnlichen Methoden gereinigt werden können, bildet die unterirdische Aufbewahrung das einzig rentable Verfahren zu ihrer Beseitigung. Aus den in der Arbeit von SHELDRICK (1969) angeführten Daten geht hervor, daß in 16 Staaten der USA bis 1967 110 Bohrungen betrieben wurden, die Abgänge aufnahmen, während zu Beginn des Jahres 1969 bereits 150 derartige Bohrungen in Betrieb waren.

Von diesen Bohrungen, deren Tiefe sich zwischen einigen hundert Metern und 3500 m bewegt, werden 55% von chemischen, petrolchemischen und pharmazeutischen Betrieben genutzt. Die Menge der in ein Bohrloch

Aus: „Raswedka i ochrana nedr", **37** (1971), Nr. 2, S. 42–45. Übers.: W. OESTREICH, Berlin.

eingepumpten Abgänge erreicht mehrere tausend Kubikmeter pro Tag, aber etwa 34% der Bohrungen weisen eine Einpumprate von weniger als 500 m^3/d auf. Bei 11% der Bohrungen erfolgt die Speicherung der Abgänge durch freies Eingießen. Bei etwa 45% der Bohrungen ist der Einpreßdruck nicht höher als 20 at. Die Speicherschichten (absorbierenden Horizonte) bilden in 33% der Fälle Sande, in 41% Sandsteine und in 22% karbonatische Gesteine.

Der langjährige Betrieb der unterirdischen Speicher flüssiger radioaktiver Abgänge des Werkes für die Verarbeitung bestrahlten Kernbrennstoffs in Idaho, der Hanfordwerke sowie der Abgänge der Papierindustrie zeigt, daß beim Fehlen der gebührenden Kontrolle der Speicherung eine Verschmutzung der für die Wasserversorgung geeigneten Grund- und Oberflächenwässer eintritt.

Die unterirdische Speicherung industrieller Abgänge wird auch in der UdSSR in breitem Maße angewandt (JUDIN u. a. 1968). Bei der Anlage unterirdischer Speicher werden als Speicherschichten wasserführende Horizonte verwendet, die von der Tagesoberfläche zuverlässig isoliert sind und mineralisierte Wässer enthalten, die sich für die Wasserversorgung und für andere Zwecke nicht eignen. In einigen Fällen jedoch benutzt man für diese Zwecke Horizonte mit Süßwässern.

Es gibt zwei Typen großer unterirdischer Speicher für flüssige Abgänge: nichtregulierbare und regulierbare. Die nichtregulierbaren Speicher enthalten lineare oder ringförmige Batterien von Einpreßbohrungen. Die regulierbaren Speicher enthalten außer den Einpreßbohrungen ein System von Entlastungsbohrungen, die für die Minderung des überschüssigen Drucks sowie für die Regulierung der Vorwärtsbewegung der Front der Abgänge in der Speicherschicht bestimmt sind. Neben den Exploitationsbohrungen verfügt jeder UT-Speicher über Anlagen an der Oberfläche, bestimmt für die Vorbereitung und das Einpumpen der Abgänge, ferner Beobachtungsbohrungen zur Kontrolle ihrer Migration unter Tage.

Die Praxis der UT-Speicherung flüssiger toxischer Abgänge zeigt, daß sich die Tagesoberfläche, die Speicherschicht, in die die Abgänge hineingepumpt werden, die Exploitationsbohrungen, die Wasserstauer, die die Speicherschicht begrenzen, sowie die Pufferschichten und alle über der Speicherschicht liegenden wasserführenden Horizonte unter Kontrolle befinden müssen.

Die Abmessungen der sanitären Schutzzone der UT-Speicher hängen hauptsächlich von den geologisch-hydrogeologischen Faktoren ab, z. B. von der Anzahl und den Lagerungsverhältnissen der wasserführenden Horizonte, der Entfernung der Einzugs- und Abflußgebiete, der Zuverlässigkeit der Wasserstauer und der Anwesenheit fazieller oder struktureller Abschirmungen. In vielen Fällen bestimmen sie die zu erkundenden Felder und das Ausmaß der durchzuführenden Untersuchungen. Das Relief der Örtlichkeit, der Charakter des hydrographischen Netzes, die Besiedelung des Territoriums, der Toxitätsgrad der Abgänge und eine Reihe weiterer Faktoren beeinflussen die Lage der Grenzen einer solchen sanitären Schutzzone indirekt.

BELIZKI & ORLOWA (1968) schlagen vor, bei der Anlage unterirdischer Speicher für flüssige Abgänge in großen artesischen Becken eine sanitäre Schutzzone vorzurichten, die aus drei Gürteln besteht.

Der erste Gürtel dieser Zone muß das Ausbreitungsgebiet der versenkten Abgänge in der Speicherschicht zum Ende des Betriebs des UT-Speichers einschließen. Im allgemeinen hängen die Abmessungen dieses Gebiets von der Menge der versenkten Abgänge, den Besonderheiten in der Konstruktion des UT-Speichers und dem Verschiebungsbetrag des Verschmutzungshofs unter der Einwirkung des natürlichen Stroms der Grundwässer ab.

Bei der Durchführung der Erkundungsarbeiten für die Anfertigung der Projektaufgabe kann der Radius des ersten Gürtels für nichtregulierbare Schemata von UT-Speichern näherungsweise nach folgender Formel bestimmt werden:

$$R_I \approx \alpha \left(\sqrt{\frac{Qt}{\pi n m}} + \frac{k}{n} J_t \right) + R_{\text{Bat}} \quad (1)$$

Hierbei bedeuten:

- α = ein Koeffizient, der die Filtrationsinhomogenität der Gesteine, aus denen die Speicherschicht besteht, berücksichtigt (er bewegt sich zwischen 1 und 2);
- Q = mittlere Tagesrate des Einpumpens der Abgänge;
- t = Betriebszeit des UT-Speichers;
- n = effektive Porosität der Gesteine;
- m = effektive Mächtigkeit der Speicherschicht;
- k = Filtrationskoeffizient (Widerstandsbeiwert) der Gesteine;
- J = natürliches Gefälle des Fließens;
- R_{Bat} = Radius der Batterie der Einpreßbohrungen.

Das Territorium des ersten Gürtels der sanitären Schutzzone muß am eingehendsten untersucht werden.

Der zweite Gürtel der sanitären Schutzzone beschränkt sich auf das Ausbreitungsgebiet der Abgänge in der Speicherschicht in der Zeit des Übergangs ihrer Toxität bis auf praktisch gefahrlose Werte. Der Rückgang der Toxität der Abgänge, die radioaktive Isotope enthalten, erfolgt durch natürlichen Zerfall. Diese Zeitdauer wird nach folgender Formel bestimmt:

$$T = 3{,}32\, T \lg \frac{Co}{C_{mzk}} \quad (2)$$

Hierbei bedeuten:

- T = Halbwertszeit des Radioisotops;
- C_0 = Konzentration des Radioisotops in den zu versenkenden Abgängen;
- C_{mzk} = nach den sanitären Normen für Trinkwasser maximal zulässige Konzentration des Isotops.

Die Formel (2) ist bei $C_t = C_{mzk}$ leicht aus der Gleichung für den radioaktiven Zerfall abzuleiten. Ein Abfall der Toxität in der Zeit ist für Abgänge, die Nitrate, Schwermetalle und gewisse organische Verbindungen enthalten, auch infolge physikochemischer Reaktionen, Sorption und biochemischer Prozesse zu beobachten (1,5). Ihre Zeitdauer T wird experimentell bestimmt, sie ist gewöhnlich mehrere Male höher als die Betriebsdauer t des Speichers.

Bei der Durchführung der Erkundungsarbeiten kann der Radius des zweiten Gürtels der Schutzzone angenähert bestimmt werden, wenn man von der Annahme ausgeht, daß nach Abschluß des Betriebs des Speichers die Hauptmigration der versenkten Abgänge mit der

Geschwindigkeit des natürlichen Stroms der Grundwässer erfolgen wird, d. h.:

$$R_{II} \approx R_I + \alpha \frac{k}{n} J (\tau - t) \tag{3}$$

Die Bezeichnungen sind die gleichen wie in den Formeln (1) und (2).

Innerhalb des zweiten Gürtels werden die geologisch-hydrogeologischen Untersuchungen geringer en detail durchgeführt als in der Fläche des ersten Gürtels.

Nach der Durchführung eingehender Erkundungen und Testungen der UT-Speicher vor der Inbetriebnahme werden die berechneten Grenzen für die Ausbreitung der versenkten Abgänge entsprechend den ermittelten hydrogeologischen Besonderheiten der Speicherschicht präzisiert.

Ein dritter Gürtel der sanitären Schutzzone wird nur in den Fällen festgelegt, wenn die Speicherschicht Süßwässer enthält, die für die Wasserversorgung geeignet sind, wenn ferner infolge von Besonderheiten des geologischen Baues Voraussetzungen dafür vorliegen, daß die Abgänge an in der Nähe gelegene Bohrungen, bergmännische Grubenbaue sowie Stellen einer natürlichen Entlastung der Grubenwässer herangezogen werden.

Für große UT-Speicher wird vorgeschlagen, den Radius des dritten Gürtels auf einen minimalen Abstand bis zu dem vorstellbaren Wasserreversoir zu beschränken, das das Wasser aus der Speicherschicht entnimmt, und zwar mit einer Förderrate, die gleich der Menge der zu versenkenden Abgänge ohne Spuren von Verschmutzung im Laufe der Zeit ist. Die entsprechende Formel für den Radius des dritten Gürtels lautet:

$$R_{III} \approx \alpha \left[\left(\sqrt{3t} + \sqrt{\tau} - t\right) \sqrt{\frac{Q}{\pi \cdot n \cdot m}} + \frac{k}{n} J \tau \right] + R_{\mathrm{Bat}} \tag{4}$$

Die Bezeichnungen sind die gleichen wie in den Formeln (1) und (2).

Der Radius kann in Abhängigkeit von den konkreten Förderraten der im Betrieb befindlichen Bohrungen genauer gefaßt werden. Bei guter hydrogeologischer Untersuchtheit des Gebiets erfolgen im Bereich des dritten Gürtels gewöhnlich keine Bohrarbeiten, während man sich bei schlechter Untersuchtheit auf ein weitmaschiges Netz von Einzelbohrungen beschränkt.

Bei der Exploitation unterirdischer Speicher für flüssige toxische Abgänge ist die Verwendung aller wasserführenden Horizonte des ersten Gürtels der sanitären Schutzzone sowie der Speicherschichten und der wasserführenden Pufferhorizonte im Bereich des zweiten Gürtels für die Trinkwasserversorgung kategorisch verboten. In den Fällen, in denen diese Wässer nicht mit versenkten Abgängen verunreinigt sind, können sie für die technische Wasserversorgung des UT-Speichers geeignet sein (Spülen der Bohrungen, Pumpen, der Einpreßnetze u. dgl.).

Es wird nicht empfohlen, im dritten Gürtel der sanitären Schutzzone die Grundwässer der Speicherschicht zu exploitieren; die wasserführenden Pufferhorizonte kann man verwenden, wenn sich ihre Exploitation nicht auf die Zuverlässigkeit der Kontrolle der Migration der Abgänge im ersten Gürtel auswirkt. Auf dem Territorium des zweiten und dritten Gürtels können die über dem oberen Pufferhorizont liegenden wasserführenden Horizonte ohne irgendwelche Beschränkungen für die Wasserversorgung verwendet werden.

Nach Abschluß der Exploitation des UT-Speichers ist es bei gebührender Kontrolle gestattet, innerhalb des ersten Gürtels der sanitären Schutzzone alle wasserführenden Horizonte, die über dem Pufferhorizont liegen, zu exploitieren, während im zweiten und dritten Gürtel auch der Pufferhorizont exploitiert werden kann. Außerdem kann man im Bereich des dritten Gürtels mit gewissen Beschränkungen die unterirdischen Wässer der Speicherschicht nutzen.

Bisweilen können in Gebieten des Baues unterirdischer Speicher erhebliche Vorräte unterirdischer Wässer mit wesentlichen Beschränkungen verbraucht werden. Zum Beispiel ist im randlichen Teil eines großen artesischen Beckens vorgesehen, einen UT-Speicher für die Versenkung von 14000 m³ Abgängen/Tag auf 25 Jahre anzulegen. Als Speicherschicht dient ein wasserführender, in 600 m Teufe liegender Horizont. Der darüberliegende wasserführende Horizont ist der Pufferhorizont, darüber liegt noch ein wasserführender Horizont (Grundwasserleiter). Alle wasserführenden Horizonte sind durch mächtige Folgen wasserundurchlässiger Gesteine mit Zwischenlagen von Aleurolithen und kohligen Schiefern voneinander getrennt.

Berechnungen zeigen, daß in diesem Fall der erste Gürtel der sanitären Schutzzone einen Radius von etwa 2 km um das Zentrum des UT-Speichers bilden muß, während die entsprechenden Werte für den zweiten und dritten Gürtel bis 8 bzw. etwa 22 km sind. Ein tektonischer Bruch, der die Speicherschicht abschirmt, reduziert die sanitäre Schutzzone in einer der Richtungen bis auf 6 km. Innerhalb der ausgeschiedenen sanitären Schutzzone können nur 40% der Vorräte an unterirdischen Wässern ohne jedwede Einschränkungen verwendet werden, 12% können überhaupt nicht geeignet sein.

In einigen Arbeiten (GOLDBERG u. a. 1969, NOWIK-KATSCHAN 1965) gibt es eine Reihe von Vorschlägen über allgemeine Fragen, den Umfang und die Methodik der geologisch-hydrogeologischen Untersuchungen für die Begründung der Möglichkeit der Anlage von UT-Speichern für flüssige industrielle Abgänge. Neben den Empfehlungen, die in diesen Arbeiten dargelegt sind, muß man spezielle Untersuchungen durchführen, um die Maßnahmen des Schutzes der wasserführenden Horizonte vor der Verunreinigung durch versenkte Abgänge zu begründen.

Literatur

BELIZKI, A. S., & JE. I. ORLOWA: Der Schutz der Grundwässer gegen radioaktive Verunreinigungen. – Verl. Die Medizin, Moskau 1968.

GOLDBERG, W. M., O. M. SEMJONOWA, E. G. TSCHAPOWSKI & W. M. TSCHESTAKOW: Zur Methodik der hydrogeologischen Begründung der Versenkung industrieller Abflüsse. – Raswedka i ochrana nedr, Nr. 3 (1969).

JUDIN, F. P., M. K. PIMENOW u. a.: Erfahrungen bei der Versenkung flüssiger radioaktiver Abgänge in tiefliegende geologische Formationen. – Atomnaja energija, wyp. 2, 25 (1968).

NOWIK-KATSCHAN, W. P.: Einige Fragen der unterirdischen Versenkung industrieller Abflüsse. – Sowetskaja geologija, Nr. 6 (1965).

SHELDRICK, M. G.: Deep-well disposal: Are safeguards being ignored? – Chemical Engineering, 76, 7 (1969).

Untersuchungen der Schallgeschwindigkeit in Gesteinen unter hydrostatischem Druck

CHRISTIAN WAGNER, Jena

(Mitteilung Nr. 181 des Zentralinstituts Physik der Erde, Institutsteil Jena)

Das zunehmende Interesse an der Erkundung größerer Tiefen verlangt mit der Einführung neuer geophysikalischer Methoden zur Tiefenerkundung auch bessere Kenntnisse über das Verhalten der Materie unter den Bedingungen der Erdkruste und des tieferen Erdmantels. Infolge der großen Bedeutung der seismischen Methode bei der Erforschung des Erdinneren muß auch auf die Untersuchung der mechanisch-elastischen Eigenschaften, besonders der Schallgeschwindigkeit, großer Wert gelegt werden.

Schallgeschwindigkeitsmessungen an Gesteinen unter hydrostatischem Druck von 10 bis 20 kbar sind schon seit einiger Zeit bekannt. An den Ergebnissen zeigt sich, daß der Einfluß des Drucks auf die Schallgeschwindigkeit in Gesteinen in zwei Bereichen wirksam wird: Einmal erfolgen bei Drücken von einigen kbar die Schallgeschwindigkeitsänderungen infolge des Einflusses des Drucks auf den äußeren Aufbau der Gesteine, auf das Gesteinsgerüst; zum anderen beginnen sich weitere Druckeffekte erst ab 10 bis 20 kbar infolge Veränderungen der inneren Struktur der Minerale bemerkbar zu machen. Konstruktionen von Hochdruckkammern tragen diesem Umstand durch die Konstruktion von einerseits gas- oder flüssigkeitsgefüllten Kammern mit großem (ca. 100 cm³) Volumen für relativ niedrige Drücke von einigen kbar (WOLAROWITSCH u. a. 1962) und Feststoffkammern von einigen cm³ Inhalt für Drücke über 20 bis 40 kbar (WOLARIWITSCH & LEWYKIN (1968) Rechnung.

Für Zwecke der geophysikalischen Prospektion reichen Untersuchungen bei 2 bis 3 kbar entsprechend ca. 10 km Tiefe völlig aus, wobei man hier den Temperatureffekt infolge des Überwiegens des Druckeffekts vernachlässigen kann.

Von uns wurde eine ölgefüllte Hochdruckkammer für Gesteinsproben von 27 mm ⌀ und 20 mm Höhe für einen Druck bis 2 kbar hergestellt (STILLER & WAGNER 1969) (Abb. 1). Die Hochdruckkammer besteht aus einem ca. 20 cm langen Stahlzylinder mit einem Außendurchmesser von 18 cm und einem Innendurchmesser von 4 cm. Als druckübertragendes Mittel wird Hydrauliköl verwendet, dem zur Dichtung Molybdändisulfidpulver beigemischt ist. Der Druck wird über den Stempel mit einer 200-MP-Presse erzeugt. Der Stempel besitzt eine Bridgman-Dichtung, die aus einem Druckpilz mit Kupfer- und Gummischeiben besteht. In der Kammer befinden sich 1-MHz-Bleititanat-Zirkonat-Schwinger, die über isolierte Zuführungen in der Bodenschraube elektrisch angeschlossen werden. Es wurden auch 4-MHz-Schwinger verwendet. Um das Eindringen von Öl in poröse Gesteinsproben zu vermeiden, wurden diese in Epoxidharz eingegossen. Als Ultraschallgerät wurde das Fehlerortungsgerät FOG 101 des VEB Funkwerk Dresden verwendet, das eine Zeitauflösung von 0,015 μs besitzt (WAGNER 1967).

An einer Reihe von Proben wurde die Schallgeschwindigkeit v_p als Funktion des Druckes P bei 2000 at gemessen. Da sich bisher bei derartigen Untersuchungen die meisten Autoren bei der Interpretation der Meßkurven auf unmittelbare Zusammenhänge zwischen den einzelnen Meßergebnissen und den petrographischen Verhältnissen der entsprechenden Probe beschränkten, galt unser Interesse mehr der Ermittlung allgemeiner Gesetzmäßigkeiten (WAGNER, HEINRICH & FREUND 1971, 1972). Aus einer Reihe von Messungen konnten wir feststellen, daß ein gewisses typisches Verhalten der Schallgeschwindigkeit in Gesteinen unter Druck vorhanden ist (Abb. 2). Trägt man die relative Schallgeschwindigkeitszunahme Δv_p in % gegen den Druck P auf, so zeigen grobkörnige, poröse Sedimente eine er-

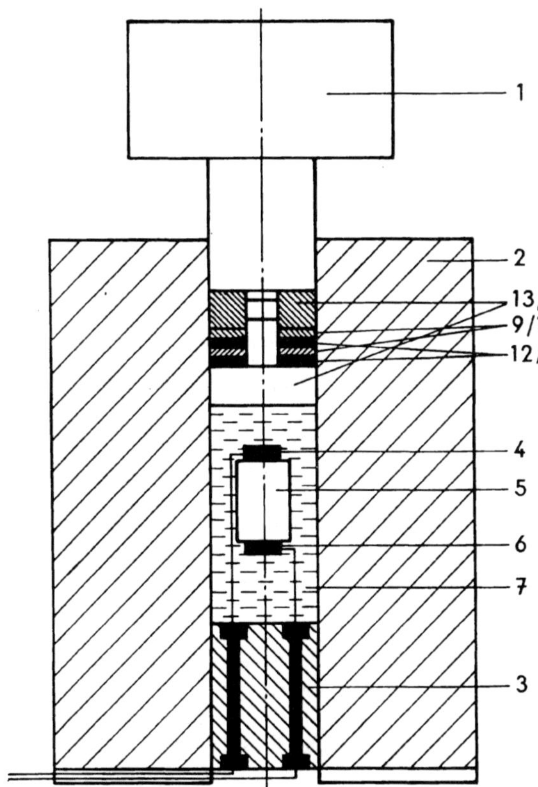

Abb. 1. Druckkammer für hydrostatischen Druck bis 2 kbar

1 – Stempel; 2 – Kammermantel; 3 – Bodenschraube mit elektrischen Kontakten; 4 – Geber; 5 – Probe; 6 – Empfänger; 7 – Öl und MoS_2; Bridgman-Dichtung: 8 – Stahl; 9 – Kupfer; 10 – Gummi; 11 – Kupfer; 12 – Gummi; 13 – Stahl

Eingang des Manuskripts in der Redaktion: 15. 9. 1971.

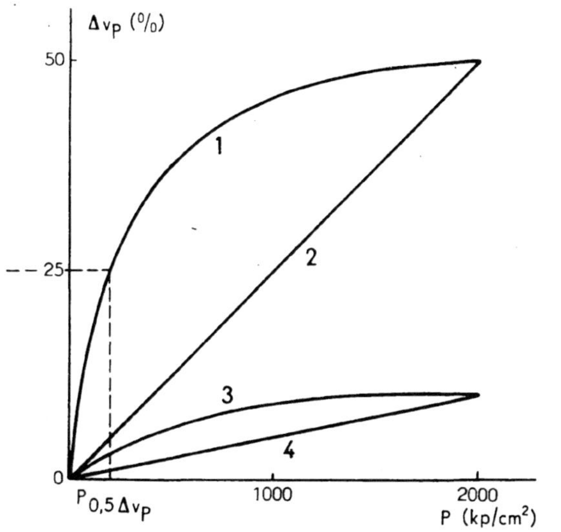

Abb. 2. Die Schallgeschwindigkeitszunahme Δv_p bei Gesteinen unter hydrostatischem Druck bis 2 kbar; allgemeines Verhalten

1 – grobkörnige, poröse Sedimente; 2 – Ausnahmen; 3 – grobkristalline dichte Gesteine; 4 – homogene Ergußsteine und Sedimente

hebliche Schallgeschwindigkeitszunahme bei niederem Druck, d. h., die Kurve ist stark gekrümmt (Kurve 1). Grobkristalline dichte Gesteine zeigen dagegen nur eine geringe Schallgeschwindigkeitszunahme, aber eine merkliche Krümmung der Kurve (Kurve 3), während homogene dichte Ergußgesteine und Sedimente geringe Schallgeschwindigkeitszunahmen mit fast linearem Kurvenverlauf aufweisen (Kurve 4). Eine große Schallgeschwindigkeitszunahme bei fast linearem Kurvenverlauf (Kurve 2) stellt eine seltene Ausnahme dar. Um auch die Krümmung der Druck–Schall-Kurve berücksichtigen zu können, wurde der sogenannte „Halbwertsdruck" eingeführt, d. h. derjenige Druck, bei dem die Hälfte der maximal möglichen Schallgeschwindigkeitszunahme für 2000 at erreicht wird.

Mit diesem Halbwertsdruck $P_{0,5\Delta v_p}$ und der relativen Schallgeschwindigkeitszunahme Δv_p ist es möglich, jede Schall–Druck-Kurve in einem Diagramm durch einen Punkt zu charakterisieren, womit eine zusammenfassende und vergleichende Darstellung der Schall–Druck-Kurven möglich ist. Abb. 3 zeigt für ca. 130 trockene Gesteinsproben, meist Sedimente, eine derartige Darstellung des Halbwertsdrucks $P_{0,5\Delta v_p}$ gegen Δv_p in %. Obwohl die Punkte stark streuen, wie auch bereits aus dem breiten Probenspektrum zu erwarten war, lassen sich einige charakteristische Merkmale nennen. Bei Sandsteinen, Tonsteinen und Schluffsteinen liegen die Werte Δv_p bei 20 bis 60% und $P_{0,5\Delta v_p} = 100$ bis 400 kp/cm². Bei Anhydrit und Kalkstein ist $\Delta v_p = 5$ bis 15% und $P_{0,5\Delta v_p} = 100$ bis 700 kp/cm²; bei Granit und Quarzporphyr ist $\Delta v_p = 1$ bis 10% und $P_{0,5\Delta v_p} = 200$ bis 400 kp/cm². Ganz allgemein liegen fast alle Werte unterhalb der in der Abb. 3 eingezeichneten Linie 800 kp/cm² bis 80%.

Bisher ist wenig versucht worden, Schallgeschwindigkeits–Druck-Kurven analytisch zu interpretieren. Um einen allgemeinen Ausdruck für die Abhängigkeit der Schallgeschwindigkeit vom Druck zu erhalten, geht man

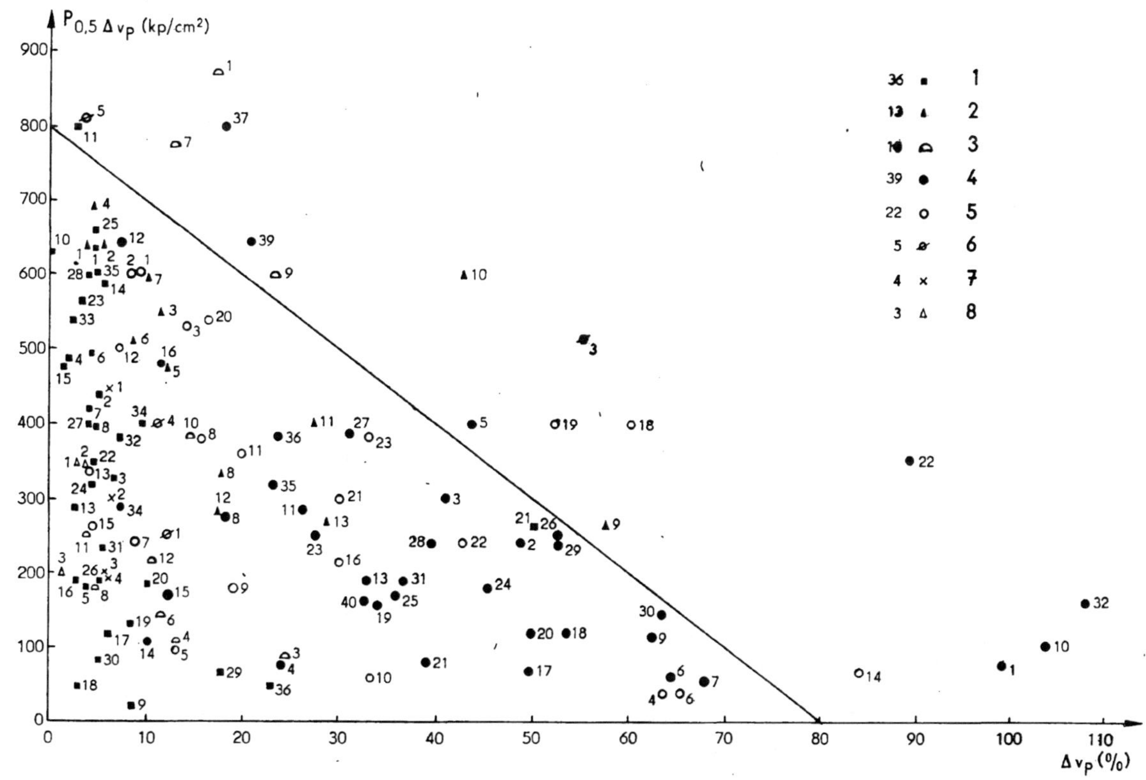

Abb. 3. Die Schallgeschwindigkeitszunahme Δv_p und der Halbwertsdruck $P_{0,5\Delta v_p}$ bei Gesteinen unter hydrostatischem Druck von 2 kbar

1 – Anhydrit; 2 – Kalkstein; 3 – Dolomit; 4 – Sandstein; 5 – Tonstein; 6 – Schluffstein; 7 – Granit; 8 – Quarzporphyrit

am besten von der Darstellung der Schallgeschwindigkeit als Funktion petrophysikalischer Größen unter Normalbedingungen aus und ergänzt diese Ausdrücke mit der Druckabhängigkeit der petrophysikalischen Grundgrößen. Drei Modelle lassen sich für die analytische Darstellung der Schallgeschwindigkeit anwenden: a) Das Gestein besteht aus zwei oder drei räumlich eindeutig getrennten Phasen (Gas, Flüssigkeit, Gestein), und die Schallgeschwindigkeit wird als mittlere Laufzeit der Schallwelle durch diese Phasen bestimmt. Unter Druck ändert sich die räumliche Verteilung der einzelnen Phasen. b) Das Gestein stellt ein makroskopisch homogenes Kontinuum dar, dessen elastische Materialparameter sich unter Druck ändern. c) Das Gestein besteht aus einer Vielzahl diskreter, meist als sphärisch angenommener Einzelpartikel, deren Kontaktflächen sich unter Druck vergrößern.

Unsere Untersuchungen zeigten, daß für trockene Gesteine der wesentlichste Einfluß des Drucks auf die Schallgeschwindigkeit von der Abnahme der Porosität unter Druck herrührte. Nimmt man für die Porosität Φ unter Druck eine exponentielle Abhängigkeit von der Anfangsporosität Φ_0 wie $\Phi = \Phi_0 \exp(-\varkappa P)$ von Druck P an, so kann diese Abhängigkeit in obige Modelle eingeführt werden. Berechnet man damit, mit vorgegebenen, die Gesteinsverhältnisse etwa charakterisierenden Werten, Modellkurven, so ergeben sich Werte der relativen Schallgeschwindigkeitszunahme und des Halbwertsdrucks, die mit den in obigem Diagramm gezeigten Werten für Gesteine in Übereinstimmung stehen müssen, wenn das Modell richtig ist.

Es zeigte sich, daß nur das Modell eines makroskopisch homogenen Kontinuums Werte ergab, die sich mit Gesteinswerten vergleichen ließen. Diese Betrachtung stellt offensichtlich das entwicklungsfähigste Modell dar.

Für flüssigkeitsgefüllte Gesteine zeigte dagegen das Modell eines 3-Phasen-Systems, bestehend aus Gas, Flüssigkeit und Gestein, die beste Übereinstimmung. Für gasgefüllte Porenräume wurde dazu wieder die exponentielle Abhängigkeit vom Druck, für die Flüssigkeit und das Gestein dagegen eine mittlere, mit Literaturwerten vergleichbare Änderung der Kompressibilität und Dichte angenommen.

Mit vorliegenden Laborversuchen kann man allgemeine Zusammenhänge unter eindeutig definierten Verhältnissen ermitteln, wie z. B.: hydrostatischer Gerüstdruck, der Poreninnendruck ist für trockene Gesteine etwa 0 und für flüssigkeitsgesättigte Gesteine etwa gleich dem hydrostatischen Druck, die Porenflüssigkeit bleibt unter Druck erhalten usw. Unter realen, der geologischen Situation entsprechenden Bedingungen sind diese Modelle nicht ohne weiteres anwendbar. Man muß hier beachten, daß sowohl in gas- als auch in flüssigkeitsgefüllten Gesteinen ein Poreninnendruck auftritt, der etwa dem Druck einer darüberstehenden Wassersäule entspricht. Das System ist nicht abgeschlossen, bei Druckschwankungen können das Gas oder die Flüssigkeit zu- oder abfließen.

Es läßt sich aber zeigen, daß aus der Kombination obiger Modelle ein Verfahren für flüssigkeitsgefüllte Gesteine entwickelt werden kann, das diese realen Bedingungen zumindest schematisch berücksichtigt und

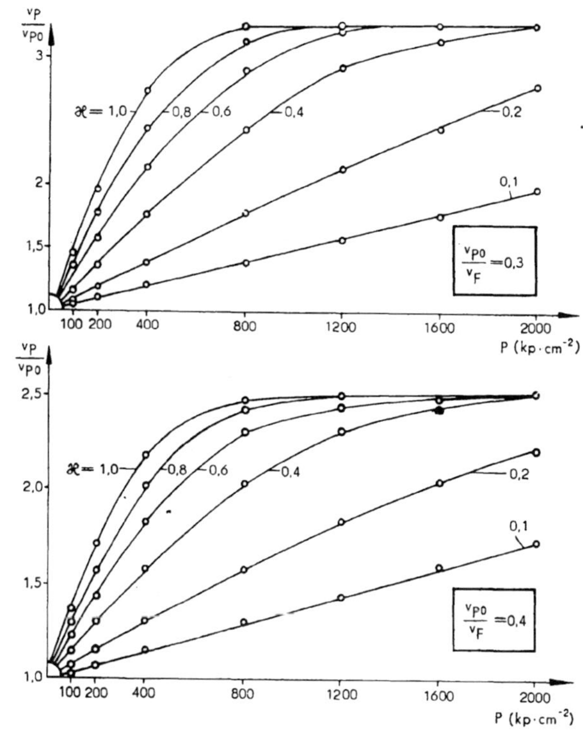

Abb. 4. Das Schallgeschwindigkeitsverhältnis v_p/v_{p0} als Funktion von v_{p0}/v_F und $\varkappa$ (10^{-2} cm² kp⁻¹)

die Berechnung der Schallgeschwindigkeit in Gesteinen unter Druck aus gegebenen Anfangsgrößen gestattet (STILLER & WAGNER 1971). Man geht dabei von einem 2-Phasen-System mit Flüssigkeit und Gesteinsgerüst aus, für dessen Schallgeschwindigkeit die bekannte Time-average-Gleichung gut anwendbar ist. Da die Flüssigkeit unter Gerüstdruck aus den Porenräumen austreten kann, wird die bereits erwähnte exponentielle Abhängigkeit der Porosität unter Druck eingeführt, und man erhält nach einigen Umformungen einen Ausdruck, der das Verhältnis der Schallgeschwindigkeit im Gestein unter dem Druck v_p zur Anfangsschallgeschwindigkeit v_{p0} als Funktion des Verhältnisses der Anfangsschallgeschwindigkeit v_{p0} und der Schallgeschwindigkeit im Festmaterial v_F, des Exponentialfaktors $\varkappa$ und des Gebirgsdrucks P darstellt. Die Anfangsschallgeschwindigkeit v_{p0} ist mit den in vielen petrophysikalischen Labors vorhandenen Ultraschallmeßeinrichtungen bestimmbar. Man hat dabei den Vorteil, daß man damit bereits alle petrophysikalischen und petrographischen Gesteinsfaktoren im Normalzustand erfaßt. Die Schallgeschwindigkeit im Festmaterial v_F ist nicht ganz mit der Schallgeschwindigkeit in Mineralen vergleichbar, weil auch ein porenloses polykristallines Gestein nicht die Schallgeschwindigkeit in Einzelkristallen erreicht. Wir halten es vielmehr für zweckmäßig, für die Schallgeschwindigkeit v_F die für die speziellen Gesteinsarten maximal ermittelten Schallgeschwindigkeiten, die dem porenärmsten Gestein entsprechen müssen, zu setzen. Diese Werte können der Literatur entnommen werden. Der Exponentialfaktor $\varkappa$ kann aus einaxialen Belastungsmessungen an Laborproben bestimmt werden, so daß bei vorgegebenen v_{p0}/v_F und $\varkappa$ das Schallgeschwindigkeitsverhältnis v_p/v_{p0}

Zeitschrift für angewandte Geologie, Bd. 18 (1972), Heft 4

aus dem Gebirgsdruck P, der als Differenz des Gerüstdrucks und des Poreninnendrucks aufgefaßt wird, berechnet werden kann. In den für die praktischen Belange auftretenden Grenzen kann man außerdem v_{p0}/v_F und P vorgeben und die Kurven v_p/v_{p0} graphisch darstellen. Praktisch liegt v_{p0}/v_F zwischen 0,3 und 0,9, $\varkappa$ zwischen $0{,}1 \cdot 10^{-2}$ und $1{,}0 \cdot 10^{-2}$ cm²/kp, und mit P zwischen 0 und 2000 at erreicht man eine Tiefe von ca. 6 bis 8 km. Abb. 4 zeigt ein Beispiel für $v_{p0}/v_F = 0{,}3$ und 0,4 sowie für $\varkappa = 1{,}0$; 0,8; 0,6; 0,4; 0,2 und $0{,}1 \cdot 10^{-2}$ cm²/kp. v_p/v_{p0} bewegt sich dabei in den Grenzen von 1,0 bis über 3,0. Das entspricht durchaus den realen Verhältnissen.

Der Einfluß der Porosität auf die Schallgeschwindigkeit ist bekannt, weniger der Einfluß der Porengröße. An Gesteinen mit ihrem breiten Spektrum an Porenarten und Porengrößen ist ein solcher Einfluß schlecht bestimmbar. Man muß deshalb diese Untersuchungen an Modellkörpern vornehmen. Von uns wurde der Einfluß sphärischer Poren auf die Schallgeschwindigkeit in porösen Modellkörpern untersucht (STILLER, WAGNER & HEINRICH 1971). Die Modellkörper bestehen aus Gips, dem zur Erzeugung definierter Porendurchmesser eine stark lufthaltige Substanz, wie Schaumstoffkügelchen oder Aktivkohle von bestimmter durch Absieben erhaltener Größe, beigemischt wurde. Die Intervalle der Partikelgrößen betrugen in mm: $< 0{,}06$; 0,6 bis 0,09; 0,09 bis 0,12; 0,12 bis 0,25; 0,25 bis 0,30; 0,30 bis 0,50; 0,50 bis 0,60; 0,60 bis 0,75; $> 0{,}75$. Das Porenvolumen wurde dabei immer konstant gehalten, das bedeutet einen kontinuierlichen Übergang von vielen kleinen Poren zu wenig großen Poren. Abb. 5 zeigt das Ergebnis der Schallgeschwindigkeitsmessungen an diesen Proben unter Druck bis 2 kbar.

Die obere Kurve (10) zeigt die Schallgeschwindigkeit in reinem Gips. Die Schallgeschwindigkeit im porösen Material erreicht ihr Minimum für Poren mit einem Durchmesser von 0,09 bis 0,25 mm, also im Mittel bei 0,12 mm. Für die restlichen Porengrößen liegen die Schallgeschwindigkeitswerte zwischen den beiden Extremalkurven, so daß somit auf die Existenz einer

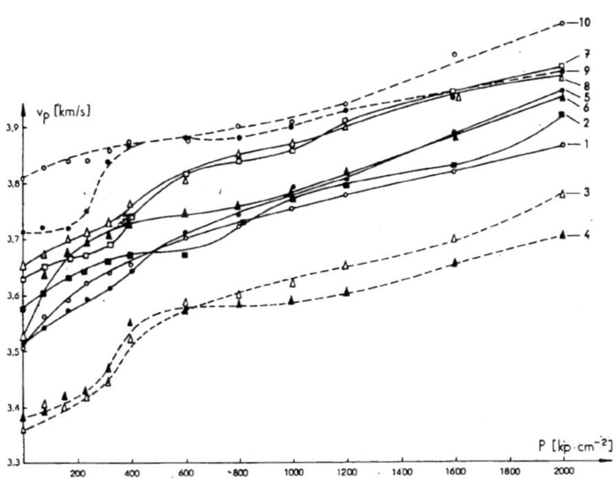

	1	2	3	4	5	6	7	8	9	10
A:	< 0,08	0,06	0,09	0,12	0,25	0,30	0,50	0,60	> 0,75	
B:		-0,09	-0,12	-0,25	-0,30	-0,50	-0,60	-0,75		

Abb. 5. Die Schallgeschwindigkeit v_p im Bereich von 0 bis 2000 kp/cm² bei Proben mit verschiedenen Porengrößen bei gleichem Porenvolumen

A – Nummer der Probe und Meßkurve; B – Porendurchmesser (mm)

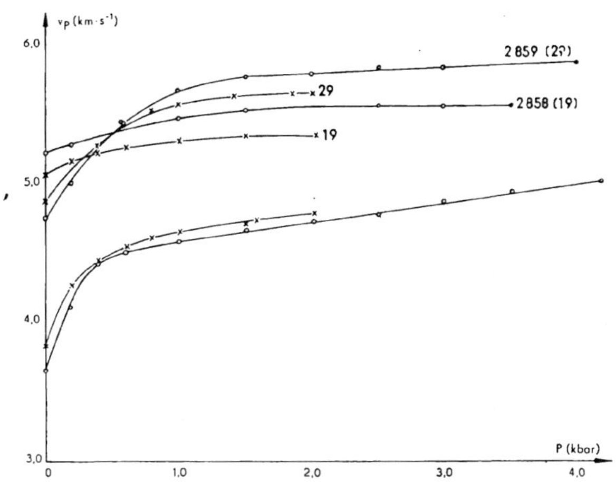

Abb. 6. Die Schallgeschwindigkeit v_p in Sandstein unter hydrostatischen Drücken bis 2 bzw. 4 kbar

o – Institut Physik der Erde, Moskau; x – Zentralinstitut Physik der Erde, Institutsteil Jena

optimalen Porengröße bei 0,12 mm ⌀ geschlossen werden muß. Die zunächst naheliegende Vermutung, daß es sich um einen Resonanzeffekt infolge gleichgroßer Längen der Schallwelle und des Porendurchmessers handelt, entfällt mit der Abschätzung der Wellenlänge auf ca. 1 mm bei 4 MHz. Die optimale Porengröße läßt sich vielmehr dadurch erklären, daß mit Beginn der Mischreihe die Poren noch zu klein sind, um bei einer Wellenlänge von 1 mm wirksam zu werden. Erst mit zunehmender Größe setzt ein Einfluß der Poren ein, wobei bei zunehmender Größe des Porendurchmessers und bei konstantem Porenvolumen der Wirkungsquerschnitt der Poren abnimmt, so daß der Einfluß der Poren wieder gering wird, bis nur wenige große Poren die Schallausbreitung kaum noch beeinflussen. Für alle Kurven ist der Gradient fast gleich, so daß man einen nur geringen Einfluß der Porengröße auf die Druckabhängigkeit der Schallgeschwindigkeit in Gesteinen feststellen kann.

Wie eingangs erwähnt, werden bei Schallgeschwindigkeitsmessungen im Gestein unter Druck als druckübertragendes Medium Öl oder Gas verwendet. Um festzustellen, ob möglicherweise bei den Messungen erhebliche Unterschiede infolge unterschiedlicher druckübertragender Medien auftreten, wurden an einigen trockenen Sandsteinproben Vergleichsmessungen mit unserer Druckkammer und mit Druckeinrichtungen des Instituts Physik der Erde in Moskau vorgenommen (WOLAROWITSCH, BAJUK & WAGNER 1972). Das Institut Physik der Erde, Moskau, besitzt eine mit Stickstoff betriebene Druckkammer für 4 kbar, in der ca. 3 cm starke und 10 bis 20 cm lange Proben mit 1 MHz durchschallt werden. Die Proben werden dabei mit einer dünnen Kupferfolie eingehüllt. Für die Vergleichsmessungen wurden jeweils zwei Proben aus einem Handstück ausgeschnitten und jedem Labor eine Probe zur Verfügung gestellt. Wie Abb. 6 zeigt, ist bis auf durch geringe petrographische Unterschiede bedingte Abweichungen eine zufriedenstellende Übereinstimmung des Meßergebnisses festzustellen. Da poröse Medien wie Sandsteine am ehesten von einem Druckmedium beeinflußt werden können, ist mit Sicherheit anzunehmen, daß obige Feststellungen auch für andere weniger poröse Gesteine gelten.

Dem Direktor des Zentralinstituts Physik der Erde, Herrn Prof. Dr. habil. H. STILLER, sei für wertvolle Anregungen und für die ständige Förderung dieser Arbeit herzlichst gedankt.

Zusammenfassung

Es wird über einige Untersuchungen der Schallgeschwindigkeit v_p in Gesteinen unter hydrostatischem Druck bis 2 kbar zusammenfassend berichtet. Nach kurzer Beschreibung der Meßtechnik wird eine Methode zur übersichtlichen Darstellung der Meßergebnisse beschrieben. Die Meßergebnisse werden durch Modelle interpretiert, es wurden auch Messungen an Gesteinsmodellkörpern vorgenommen. Aus den Modellvorstellungen läßt sich eine Methode zur Bestimmung der Schallgeschwindigkeit ableiten. Meßergebnisse werden mit denen des Instituts Physik der Erde, Moskau, verglichen.

Резюме

Сообщается о некоторых исследованиях звуковой скорости в породах, находящихся под гидростатическим давлением до 2 кбар. После краткого описания измерительной техники описывается метод для наглядного изображения результатов измерений. Результаты измерений интерпретируются моделями; проводились также измерения на модельных телах пород. На основании модельных представлений можно вывести метод для определения звуковой скорости. Результаты измерения сопоставляются с результатами, полученными в Московском институте физики Земли.

Summary

Studies of the sound velocity in rocks under hydrostatic pressure up to 2 kbar are reviewed. A brief description of the technique of measurement is followed by a method representing in a clearly arranged way ist results. These are interpreted by means of models, bodies of rock models were also subjected to measurements. From the model representations a method can be derived for determining the sound velocity. The measuring results are compared with those obtained by the Moscow Institute of the Physics of the Earth.

Literatur

STILLER, H., & C. WAGNER: Eine Einrichtung für Ultraschallmessungen an Gesteinen unter Druck bis 2 kbar. – Z. Geophysik, 35, 97–101 (1969).

STILLER, H., C. WAGNER & R. HEINRICH: Der Einfluß der Porengröße und des Druckes auf die Schallgeschwindigkeit poröser Medien. – Neue Bergbautechnik (im Druck) (1972).

STILLER, H., C. WAGNER, D. FREUND & M. VOIGT: Eine Methode zur Bestimmung der Schallgeschwindigkeit v_p poröser flüssigkeitsgefüllter Gesteine unter Gebirgsdruck bis 2000 at. – Neue Bergbautechnik, 1 (5), 333–340 (1971).

WOLAROWITSCH, M. P., E. J. BAJUK & C. WAGNER: Zur Messung der Schallgeschwindigkeit in Gesteinen unter hydrostatischem Druck. – Gerlands Beitr. Geophys. (im Druck) (1972).

WOLAROWITSCH, M. P., & A. J. LEWYKIN: Skorosti prodolnych voln v obrazcach gornych porod pri davlenijach do 40.000 kg/cm². In: Fizikomechaničeskoje svoistva gornych porod verchnej časti zemnoj kory. – Akad. Nauk SSSR, Moskva 1968.

WOLAROWITSCH, M. P., u. a.: Fizičeskie svoistva gornych porod pri vysokych davlenijach. – Trudy instituta fisiki zemli AN SSSR, 23 (190), Isdat. Akad. Nauk, Moskva 1962.

WAGNER, C.: Zur Verwendung eines Fehlerortungsgerätes für Ultraschallmessungen. – Bergakademie (10), S. 623 (1967).

WAGNER, C., R. HEINRICH & D. FREUND: Die Schallgeschwindigkeit in Gesteinen unter hydrostatischem Druck bis 2 kbar – numerische und analytische Darstellung. – Neue Bergbautechnik, 1 (4), 254–258 (1971).

– Die Schallgeschwindigkeit in luft- und flüssigkeitsgefüllten Medien und Gesteinen unter hydrostatischem Druck. – Gerlands Beitr. Geophys. (im Druck) (1972).

WYSCHEMIRSKIJ, W. S., A. Z. KONTOROWITSCH, & A. A. TROFIMUK, UdSSR

Migration disperser Bitumoide

Die Autoren haben dieses Buch dem 100jährigen Geburtstag des großen Geologen I. M. GUBKIN gewidmet. Das regt zum Nachdenken an, wieviel wir seit GUBKIN gelernt haben und wo es noch an fundiertem Wissen fehlt. Dabei taucht sicherlich die Kardinalfrage nach der primären Migration auf, ein sehr altes Problem für die Hypothese der Erdölentstehung aus Gesteinsbitumen im thermokatalytischen Prozeß. Gern legen die „Anorganiker" ihre Finger in diese Wunde der „Organiker". Allerdings erkennen sie dabei nicht, wie elegant sie selbst allen Migrationsfragen aus dem Wege gehen, vielleicht in der Annahme, daß ihre Gegner das bei den vielen strittigen Problemen der anorganischen Erdölentstehung nicht bemerken. Wie steht es nun um dieses Problem?

Das Buch, das es zu lösen versucht, umfaßt neun Kapitel und einen Anhang. Kapitel I heißt: Genetischer Zusammenhang zwischen dispersen Bitumina und dem organischen Gehalt der Gesteine. Es zielt gegen die Anorganiker, die behauptet haben, daß die Bitumoide der Gesteinsextrakte entweder durch die Lösungsmittel erzeugt wurden oder den aus der Tiefe migrierten KW entstammen. Gestützt auf experimentelle Daten wird nachgewiesen, daß solche Neubildungen höchstens 5% der Gesamtmenge ausmachen können; nichtsdestoweniger wird aber auf die notwendige Verbesserung der Extraktionsmethoden hingewiesen.

Nicht zu beweisen sind auch die behaupteten höheren Bitumengehalte in der Nähe von Brüchen. Außerdem nimmt der Bitumengehalt mit der Tiefe nicht zu, sondern ab. Das spricht gegen Migration aus der Tiefe. Eine Reihe weiterer Argumente werden ins Feld geführt, u. a. Beweise dafür, daß die KW-Gehalte der Kimberlitpipes von Jakutien, besondere Steckenpferde der „Anorganiker", organischer Natur sind.

Das zweite Kapitel beschäftigt sich mit der Verteilung der dispersen Bitumoide im Sedimentmantel. Es wird nachgewiesen, daß die Mengen an organischer Substanz zur Erklärung aller Lagerstätten ausreichen. 1/5 des gesamten Kohlenstoffs der Sedimente ist organischer Herkunft!

Das dritte Kapitel behandelt die Beziehungen zwischen der Zusammensetzung von dispersen Bitumoiden und dem Erdöl. Es werden viele Ähnlichkeiten festgestellt und die Regressionsanalyse zu Hilfe genommen, aber eine genaue Übereinstimmung kann wegen der Migrationsveränderungen nicht erwartet werden. Für einzelne Komponenten ist jedoch der Korrelationskoeffizient hoch.

Im vierten Kapitel wird dann der Bituminierungsgrad der organischen Substanz näher betrachtet und auf den Unterschied zwischen syngenetischen und allochthonen Bitumoiden (nach WASSOJEWITSCH) hingewiesen. Interessant ist besonders das Problem des unterschiedlichen Bituminierungsgrads in Abhängigkeit von der Lithologie. Aber das Interessanteste davon, der hohe Bituminierungsgrad der organischen Substanz in Karbonaten, der in das katalytische Modell nicht recht paßt, wird als nicht gesetzmäßig erachtet und von den Autoren ausgeklammert.

Nach der Behandlung dieser Probleme der dispersen Bitumina nähern sich die Autoren im fünften Kapitel ihrem Thema. Sie erörtern die Zusammensetzung der Bitumoide als Kennzeichen ihrer Migration. Dabei wird das Modell der Chromatographie für die primäre Migration herangezogen. Daraus ergibt sich bei der Auswanderung der Bitumina eine

Originaltitel: Migrazija rassejannych bitumoidow. – Nowosibirsk: Isd. „Nauka", Sib. Otd., 1971, 168 S., 27 Abb., 5 Taf., 301 Lit., 1,32 Rbl.

gesetzmäßige Veränderung ihrer Zusammensetzung wie die der zurückgebliebenen Kerogene vom Inneren einer Tonschicht nach außen. Mit Hilfe der Heteroelemente (O, N, S) werden für verschiedene Formationen Gesetzmäßigkeiten formuliert, wobei dem unvoreingenommenen Betrachter jedoch die statistische Homogenität der Beobachtungswerte für die mathematische Formulierung ziemlich mangelhaft erscheint.

Der Einfluß der physikalischen Eigenschaften der Gesteine auf die Migration ist Thema des Kapitel VI, während sich Kapitel VII mit dem Einfluß der tektonischen Struktur auf die Verteilung der Bitumoide beschäftigt.

In Kapitel VIII kommt man schließlich zum Kernproblem, den verschiedenen möglichen Formen der Migration und den sie verursachenden physikalischen Erscheinungen. Die verschiedenen Mechanismen der Auswanderung der gebildeten KW werden kritisch untersucht und experimentelle Ergebnisse angeführt. Das Ergebnis ist, daß die Auswanderung in Lösung mit nachfolgender lateraler Migration im Speicher der weitaus vorherrschende Prozeß bei der Lagerstättenbildung ist.

Auf Grund dieser Erkenntnisse wird im Kapitel IX eine Formel für die quantitative Einschätzung der gebildeten KW abgeleitet. Sie gibt die Menge der ausgewanderten Bitumoide pro Masse der Muttergesteine. Diese Mengen, in Prognosekarten dargestellt, ermöglichen die Einschätzung der Höffigkeit. Als Beispiele werden Ergebnisse aus Sibirien dargestellt. Ein Anhang von I. A. OLLI bringt lumineszenzmikroskopische Untersuchungen zum Nachweis der Migration innerhalb der Muttergesteine. Leider sind die Abbildungen so schlecht gedruckt, daß die Illustration dieser so interessanten Darstellung fehlt.

Insgesamt ist dieses Werk eine wertvolle Zusammenfassung der Kenntnisse über die Lagerstättenbildung nach der Modellvorstellung der Erdölentstehung aus disperser organischer Substanz. Eine solche Darstellung ist verdienstvoll. Gegenüber anderen Darstellungen ist hier die quantitative Behandlung des Problems versucht worden. Darüber hinaus muß man allerdings feststellen, daß seit einiger Zeit die Wissenschaft insgesamt in dieser Frage auf der Stelle tritt. Der thermokatalytische Prozeß ist sicherlich sehr wichtig und seine Untersuchung notwendig und wertvoll. Man kann aber die Augen nicht vor der Tatsache verschließen, daß es auch andere zusätzliche Prozesse gibt, ja geben muß. Ihre Untersuchung ist nunmehr die nächste Aufgabe. Viele Beobachtungen, die sich in diesem Modell nicht unterbringen lassen, fordern eine Erklärung.

Einige Druckfehler und fehlende Definitionen machen dem Leser zuweilen schwer, den Ausführungen zu folgen. Es wird auf eine falsche Tabelle verwiesen. Ferner wird in Kapitel IX ein Koeffizient K ohne Definition eingeführt, und zwar gerade in der entscheidenden Gleichung, der wichtigsten des Buches.

Die Erwähnung dieser Mängel soll nicht den Wert herabsetzen, sondern Anregung sein, das nützliche Buch noch nützlicher zu machen. Es ist allen Erdölgeologen zu empfehlen, besonders denen, die sich über das so gängige Lagerstättenbildungsmodell hinausschwingen möchten.

RUDOLF MEINHOLD

Programme der statistischen Analyse der Verteilung von geologischen und bohrlochgeophysikalischen Werten

ANNA JOSIFOWNA ZIMELSON, Baku[1])

Die Beurteilung der Fehlergrenzen bei der Bestimmung von Mittelwerten der Speichereigenschaften von Schichten ist ein Teil der Aufgabe, die Genauigkeit der Vorratsberechnungen für Erdöl und Erdgas richtig einzuschätzen. Für eine Bewertung der Genauigkeit eines Mittelwertes ist es unbedingt erforderlich, das Verteilungsgesetz des entsprechenden Parameters zu kennen. Zu dieser Frage wurde eine große Zahl von Arbeiten publiziert, die der Untersuchung der Verteilungsfunktionen des Porositätskoeffizienten (k_p) und des Durchlässigkeitskoeffizienten (k_d), die laborativ und mittels bohrlochgeophysikalischer Messungen ermittelt wurden, dienen. Die empirische Verteilung der Größen k_p und k_d ist mit den aus der Wahrscheinlichkeitstheorie bekannten normalen und lognormalen Verteilungen und der Verteilung nach MAXWELL (BAISCHEW 1960; GANEJEWA 1961, 1965; DEMENTJEW 1960, 1966; POSTNIKOW 1961) zu vergleichen. Von verschiedenen Modellen ausgehend, wurden neue Verteilungsfunktionen der Speichereigenschaften abgeleitet (BAISCHEW 1960, SATTAROW 1960).

Bei der Analyse empirischer Verteilungen zeigt es sich oft, daß in einen Datenblock Werte eingehen, die zu verschiedenen Objekten gehören. Diese wiederum unterscheiden sich durch ihre statistischen Charakteristika. Im Aufbau des Blocks der Ausgangsdaten können folgende Besonderheiten auftreten:

1. Die Objekttypen (z. B. Speichergestein oder Nichtspeichergestein), zu denen diese oder jene Datengruppen gehören, sind bekannt.

2. Die Typen verschiedenartiger Objekte, zu denen Datengruppen gehören, sind nicht bekannt, können aber durch eine Analyse ermittelt werden.

3. Die Typen verschiedenartiger Objekte sind nicht bekannt und können aus der Analyse der in einem Block enthaltenen Daten nicht ermittelt werden.

Es ist selbstverständlich, daß die Berechnung von Mittelwert, Dispersion und anderen statistischen Parametern dann sinnvoll ist, wenn diese Parameter nicht eine Mischsumme charakterisieren, sondern auf einer Auswahl der in einem Block vorliegenden Ausgangsdaten beruhen, die zu gleichartigen Objekten gehören. Mit anderen Worten, eine Aufgabe der statistischen Analyse besteht darin, aus einer offensichtlichen oder wahrscheinlichen Mischsumme „reine" Auswahlgrößen auszugliedern, die gleiche Objekte charakterisieren.

Die genannte Aufgabe kann mit verschiedenen Methoden gelöst werden, sie sind jedoch von den Besonderheiten des für die Bearbeitung vorliegenden Blocks von Ausgangsdaten abhängig. Im ersten Fall besteht die Aufgabe in einer Umgruppierung der Ausgangswerte in einzelne Blöcke und der getrennten Analyse eines jeden einzelnen dieser Blöcke. In diesem Falle werden mit einem für die EDVA „Minsk 22" aufgestellte

Übers.: Dr. FRANK ZELT.

[1]) Mitarbeiterin des Aserbaidshanischen Instituts für Erdöl und Chemie „M. Asisbekowa" in Baku.

Überarbeitung der mathematischen Formulierungen durch AXEL GOTTSCHILD.

Programm die Verteilungsparameter und das Hystogramm sowohl für die Gesamtheit als auch die einzelnen Komponenten bestimmt und über einen Drucker ausgegeben.

In der zweiten Variante des Blockaufbaus der Ausgangsdaten sieht das Programm eine Analyse aller Werte, die zu jedem Einzelobjekt gehören, sowie die Umgruppierung der Objekte in neue Blöcke in Übereinstimmung mit dem vorgegebenen Kriterium vor. Als Kriterium kann einer der Parameter verwendet werden, die für das Objekt charakteristisch sind, wie z. B. die Permeabilität bei der Unterteilung der Werte in Speichergestein und Nichtspeichergestein. Sollte es notwendig sein, ein komplizierteres Kriterium zu verwenden, das nach einer vorgegebenen Formel aus den für jedes Objekt vorhandenen Werten berechnet wird, so kann dies ebenfalls erfolgen. Dabei wird die Grenzbedingung des Kriteriums angegeben. Ausgegliederte gleichartige Teile des Datenblocks werden getrennt analysiert, analog dem Weg, wie er im ersten Falle eingeschlagen wurde. Im wesentlichen unterscheidet sich das Bearbeitungsprogramm für die zweite Variante von dem für die erste Variante nur durch die Methode der Umgruppierung der Daten in einzelne Objekte.

In der dritten Variante weist der Blockaufbau der Ausgangsdaten keine Anzeichen oder Kriterien auf, nach denen eine Umgruppierung des Blocks in Einzelobjekte möglich wäre. In diesem Falle wurde die Aufgabe folgendermaßen formuliert: Zusammenstellung eines Programms für die Analyse einer unsymmetrischen Verteilung, die eine Überlagerung zweier Normalverteilungen darstellt. Diese Überlagerung wird durch die Dichte

$$f(x) = \frac{\alpha}{\sqrt{2\pi}\,\sigma_1} e^A + \frac{1-\alpha}{\sqrt{2\pi}\,\sigma_2} e^B \tag{1}$$

definiert. Dabei sind:

Θ_1, Θ_2 — die mathematischen Erwartungen,

σ_1^2, σ_2^2 — Dispersionen der ersten und zweiten Normalverteilung;

$\alpha, (1-\alpha)$ — Proportionalitätskoeffizienten, bei denen $100\,\alpha\%$ Beobachtungen der ersten und $100\,(1-\alpha)\%$ der zweiten Verteilung entsprechen.

$$A = -\frac{(x-\Theta_1)^2}{2\sigma_1^2}$$

$$B = -\frac{(x-\Theta_2)^2}{2\sigma_2^2}$$

Algorithmus des Programms für die Analyse einer unsymmetrischen Verteilung

Das Programm für die Analyse einer unsymmetrischen Verteilung, kurz Programm „BINOR" genannt, erlaubt auf der Grundlage ungleichartiger Auswahlgrößen, die die Verteilungsdichte (1) haben, die Parameter α, Θ_1, Θ_2, σ_1, σ_2 mit der Momenten- und Maximum-Likelihood-Methode zu beurteilen sowie die Übereinstimmung einer Mischung der Auswahlgrößen zweier Normalverteilungen durch das PEARSONsche Kriterium χ^2 zu überprüfen (FRAI 1934, JANKO 1961).

Die Bewertung der Verteilungsparameter durch die Momentenmethode wird folgendermaßen durchgeführt: Ausgehend von der voraussichtlichen Art der Verteilungsdichte (1) findet man die Werte der ersten s der Zentralmomente der Verteilung durch die zu beurteilenden Parameter (s — Anzahl der zu beurteilenden Parameter, in diesem Falle $s = 5$) und setzt sie den aus der getroffenen Auswahl heraus berechneten empirischen Bedeutungen dieser Momente gleich. Die Lösung des erhaltenen Gleichungssystems ergibt die gesuchten Bewertungen der unbekannten Parameter. Die empirischen Verteilungsmomente werden nach der Formel berechnet:

$$\nu_i = \frac{1}{n} \sum_{j=1}^{n} (x_j - \bar{x})^i \tag{2}$$

wobei

$$\bar{x} = \frac{1}{n} \sum_{i=1}^{n} x_i$$

ist.

Die theoretischen Momente findet man durch die einzuschätzenden Parameter aus:

$$\mu_i = \int (x - \mu_1')^i f(x)\, dx \tag{3}$$

wobei $\mu_1' = \int x f(x)\, dx$ die mathematische Erwartung $f(x)$ ist.

In unserem Falle ist das Gemisch zweier Normalverteilungen

$$\mu_1' = \alpha\Theta_1 + (1-\alpha)\Theta_2 \tag{4}$$

und wenn man die Bezeichnungen

$$\begin{cases} m_1 = \Theta_1 - \mu_1' \\ m_2 = \Theta_2 - \mu_1' \end{cases} \tag{5}$$

einführt, so ergeben sich die Zentralmomente aus:

$$\begin{cases} \mu_1 = \alpha m_1 + (1-\alpha) m_2 = 0 \\ \mu_2 = \alpha(\sigma_1^2 + m_1^2) + (1-\alpha)(\sigma_2^2 + m_2^2) \\ \mu_3 = \alpha m_1 (3\sigma_1^2 + m_1^2) + (1-\alpha) m_2 (3\sigma_2^2 + m_2^2) \\ \mu_4 = \alpha(3\sigma_1^4 + 6 m_1^2 \sigma_1^2 + m_1^4) + (1-\alpha)(3\sigma_2^4 + \\ \quad + 6 m_2^2 \sigma_2^2 + m_2^4) \\ \mu_5 = \alpha m_1 (15\sigma_1^4 + 10 m_1^2 \sigma_1^2 + m_1^4) + (1-\alpha) m_2 \\ \quad (15\sigma_2^4 + 10 m_2^2 \sigma_2^2 + m_2^4) \end{cases} \tag{6}$$

Setzt man die Auswahlmomente den theoretischen gleich, so erhält man:

$$\begin{cases} \alpha m_1 + (1-\alpha) m_2 = 0 \\ \alpha(\sigma_1^2 + m_1^2 - \nu_2) + (1-\alpha)(\sigma_2^2 + m_2^2 - \nu_2) = 0 \\ \alpha(3\sigma_1^2 m_1 + m_1^3 - \nu_3) + (1-\alpha)(3\sigma_2^2 m_2 + m_2^3 - \\ \quad - \nu_3) = 0 \\ \alpha(3\sigma_1^4 + 6 m_1^2 \sigma_1^2 + m_1^4 - \nu_4) + (1-\alpha)(3\sigma_2^4 + \\ \quad + 6 m_2^2 \sigma_2^2 + m_2^4 - \nu_4) = 0 \\ \alpha(15\sigma_1^4 m_1 + 10\sigma_1^2 m_1^3 + m_1^5 - \nu_5) + \\ \quad + (1-\alpha)(15\sigma_2^4 m_2 + 10\sigma_2^2 m_2^3 + m_2^5 - \nu_5) = 0 \end{cases} \tag{7}$$

Parameter	Karabagly				Kjurowdag				Kjursangja			
	θ 1	σ 1	θ 2	σ 2	θ 1	σ 1	θ 2	σ 2	θ 1	σ 1	θ 2	σ 2
Werte, erhalten nach Programm „BINOR"	22,5	1,9	13,0	3,3	25,6	2,9	9,8	3,2	23,8	2,9	12,3	3,5
Parameterwerte der Speicher- und Nichtspeichergesteine	Speichergestein		Nichtspeichergestein		Speichergestein		Nichtspeichergestein		Speichergestein		Nichtspeichergestein	
	23,1	1,7	14,2	4,2	25,4	n.b.	10,2	n.b.	25,7	2,8	13,7	4,7

Betrachten wir den Fall $\Theta_1 \neq \Theta_2$, d. h. den Fall verschiedener Mittelwerte der Komponenten der Normalverteilungen. Um mit der Momentenmethode eine Einschätzung der Parameterverteilung (1) vornehmen zu können, muß das System (7) gelöst werden. Die von K. PEARSON (1894) vorgeschlagenen Umwandlungen führen das System in folgende Gleichung über:

$$a_9 v^9 + a_8 v^8 + \cdots + a_1 v + a_0 = 0 \tag{8}$$

Dabei sind:

$$\begin{cases} a_9 = 24 \\ a_8 = 0 \\ a_7 = 84 k_4 \\ a_6 = 36 \nu_3^2 \\ a_5 = 90 k_4^2 + 72 k_5 \nu_3 \\ a_4 = 444 k_4 \nu_3^2 - 18 k_5^2 \\ a_3 = 288 \nu_3^4 - 108 \nu_3 k_4 k_5 + 27 k_4^3 \\ a_2 = -(63 \nu_3^2 k_4^2 + 72 \nu_3^3 k_5) \\ a_1 = -96 \nu_3^4 k_4 \\ a_0 = -24 \nu_3^6 \\ k_4 = \nu_4 - 3 \nu_2^2 \\ k_5 = \nu_5 - 10 \nu_2 \nu_3 \end{cases} \tag{9}$$

Zur Bewertung der Verteilungsparameter ist die Gleichung (8) zu lösen und die Umformungen rückgängig zu machen, die das Gleichungssystem (7) in (8) verwandelten.

Ein Maximum des Wahrheitsgehalts liegt vor, wenn die Funktion

$$L = \prod_{i=1}^{n} f(x_i) \tag{10}$$

ein Maximum wird.

Um die Übereinstimmung der Verteilung mit der Formel (1) zu überprüfen, muß mit dem PEARSONschen Kriterium eine Serie von Werten gefunden werden, die in der Größe

$$\chi^2 = \sum_{i=1}^{k} \frac{(n_i - n p_i)^2}{n p_i} \tag{11}$$

ein Minimum ergeben. Die errechnte Größe $\chi^2_{\min}$ ist mit den tabellarischen Werten für χ^2 zu vergleichen.

Hierbei sind:

x_i — beobachtete Werte der Zufallsgröße;
n — Gesamtzahl der Beobachtungen;
k — Zahl der Intervalle, in die sich der Bereich der Veränderung der Zufallsgröße bei dem errechneten χ^2-Wert unterteilt;
n_i — Zahl der Beobachtungen, die in das i-te Intervall fallen;
p_i — Wahrscheinlichkeit der Zugehörigkeit zum i-ten Intervall.

Mit dem Ziel der Vereinfachung des Programms „BINOR" erfolgte die Suche der Werte nicht unter den Bedingungen eines unbedingten Maximums und Minimums der Funktionen (10) und (11) bei fünf Veränderlichen, sondern bedingter Extremwerte dieser als Funktion einer der Veränderlichen, wenn Übereinstimmung der ersten vier ausgewählten und theoretischen Verteilungsmomente vorlag (10).

Anwendungsergebnisse des Programms „BINOR"

Das Programm wurde mit Modellbeispielen und mit Materialien aus laborativen Bestimmungen des Koeffizienten des mit Erdöl gesättigten Porenraumes ($k_{p\text{satt.}}$) einer Reihe von Lagerstätten Aserbaidshans und der Leningrader Lagerstätte im Vorkaukasus überprüft. Die Analyse der Verteilung der Daten zeigte Unterschiede zur Normalverteilung. Die Ergebnisse der Bearbeitung dieser Werte mit dem Programm „BINOR" — ein Teil der Resultate ist in der Tabelle aufgeführt — zeigte, daß die Verteilung von $k_{p\text{satt.}}$ der Formel (1) nicht widerspricht. Die Parameterwerte einer Komponente der Normalverteilungen kommen den Mittelwerten der Dispersion der Speichergesteine nahe bzw. im anderen Falle den errechneten Parametern für die Nichtspeichergesteine.

Auf diese Art und Weise sind die für die EDVA „Minsk 22" erarbeiteten Programme geeignet, Analysen über die Verteilung von Angaben vorzunehmen, die in Blöcken beliebiger Art vorliegen. Diese Programme können nicht nur für die Analyse geologisch-geophysikalischer Materialien, sondern auch für andere Zusammenstellungen Verwendung finden, wenn diese der statistischen Bearbeitung unterliegen.

Literatur

BAISCHEW, B. T.: Die Funktion der Permeabilitätsverteilung und die Berücksichtigung der Inhomogenität von Schichten bei der Abbauprojektierung von Erdöllagerstätten. – Trudy WNII, Ausg. 28, Gostoptechisdat, Moskau 1960.

Zeitschrift für angewandte Geologie, Bd. 18 (1972), Heft 4

COHEN, A. C.: Estimation in mixtures of two normal distributions. — Technometrics, Vol. 9, Nr. 1 (1967).
DEMENTJEW, L. F.: Die Anwendung der mathematischen Statistik und der Wahrscheinlichkeitstheorie bei der Beurteilung von Erkundungsergebnissen. — Trudy WNII, Ausg. 23, Gostoptechisdat, Moskau 1960.
— Statistische Methoden der Bearbeitung und Analyse von bohrlochgeophysikalischen Werten. — Verlag „Nedra", Moskau 1966.
FRAI, T.: Wahrscheinlichkeitstheorie für Ingenieure. — ONTI (1934).
GANEJEWA, R. SCH.: Neue Angaben über die Speichereigenschaften von Karbonatspeichergesteinen der Rifflagerstätten in der Vorуralsenke. — Trudy UfNII, Ausg. 8, Verlag „Nedra", Moskau 1961.
— Zur Bestimmung des effektiven Volumens und der effektiven Porosität von Erdöllagern in Riffen. — Aus: „Bewertung der Genauigkeit bei der Bestimmung der Parameter von Erdöl- und Erdgaslagern" (Materialien zu Problemen der Markscheiderkunde in der Erdölindustrie), Verlag „Nedra", Moskau 1965.
JANKO, JA.: Mathematisch-statistische Tabellen. — Verlag „Gosstatisdat", Moskau 1961.
PEARSON, K.: Contribution to the mathematical theory of evolution. — Philosophical Transactions of Royal Society 185 (1894).
POSTNIKOW, D. W.: Lithologische Typen von Speichergesteinen der terrigenen Abfolge des Devons von Westbaschkirien. — Trudy UfNII, Ausg. 8, Verlag „Nedra", Moskau 1961.
SATTAROW, M. M.: Die Anwendung der Methoden der mathematischen Statistik bei der Bestimmung des Permeabilitätskoeffizienten eines erdölführenden Horizonts. — Trudy UfNII, Ausg. 6, Verlag „Nedra", Moskau 1960.

A. P. WINOGRADOW

Vorläufige Daten über die von der automatischen Station „Luna 16" mitgebrachten Proben des Mondbodens

Referat von WOLFGANG BEYER, Schneeberg

Bekanntlich wurden im September 1970 von der automatischen Station „Luna 16" Bodenproben des Mondes zur Erde gebracht. Dieser wissenschaftlichen Großtat folgten inzwischen neue immer überraschendere Unternehmen im Kosmos. Das von „Luna 16" stammende Probenmaterial unterlag inzwischen einer intensiven geochemischen Bearbeitung, von deren Ergebnissen einige vorläufige Tatsachen mitgeteilt werden.

Die Station „Luna 16" landete im Meer der Fruchtbarkeit (0°41′ südl. Breite, 56°18′ östl. Länge), das das Aussehen einer relativ ruhigen Senke hat und von flachen verzweigten Wällen unterbrochen wird. Somit ergeben bereits drei ausgedehnte Meere auf der sichtbaren Mondseite — Meer der Ruhe („Apollo 11"), Ozean der Stürme („Apollo 12") und Meer der Fruchtbarkeit („Luna 16") — ausreichende Möglichkeiten für eine Charakteristik der oberflächennahen Mondschichten.

Das gewonnene Lockermaterial (Regolith), das einer Bohrsäule von 35 cm Tiefe entstammt und ein Gewicht von 101 g besitzt, wurde in einer Heliumkammer auf eine Sichermulde übertragen. Der Regolith ist ein unterschiedlich gekörntes dunkelgraues (schwärzliches) Pulver, das sich leicht formen läßt. Die Körner sind angeschmolzen, gerundet oder kantig. Die Körnigkeit nimmt mit der Tiefe zu. Im allgemeinen herrscht ein Korndurchmesser von etwa 0,1 mm vor.

Nach dem Habitus der gewonnenen Bohrprobe konnten fünf verschiedene Zonen unterschieden werden. In den Zonen A und B überwiegt feinkörniges Material mit geringen Gehalten an groben Fraktionen (0 bis 15 cm Tiefe der Bohrsäule). In den Zonen C und D tritt verschieden gekörntes Material mit Gesteinsbröckchen von mehr als 3 mm Größe auf (15 bis 33 cm Tiefe). In der Zone E herrscht grobkörniges Material vor (33 bis 35 cm Tiefe). Die Mächtigkeit des Mondbodens ist am Landeplatz von „Luna 16" gering und erreicht 0,5 bis 1,0 m. Im Ozean der Stürme beträgt die Mächtigkeit des Regoliths etwa 1 bis 3 m.

Folgende physikalische Parameter des Regoliths werden vom Autor mitgeteilt: Dichte 1,2 g/cm^3; spezifische Wärmekapazität 0,17 kcal/kg · grad; Wärmeleitfähigkeit $1{,}9 \cdot 10^{-3}$ kcal/m · h · grad; spezifischer Widerstand $3{,}42 \cdot 10^6$ Ohm · m (die Werte sind bei einem Druck von 10^{-5} Torr und einer Belastung von 160 kg/m^2 ermittelt). Auch die optischen Eigenschaften des Regoliths wurden bestimmt. Im Meer der Fruchtbarkeit ist das Albedo im allgemeinen gleich 0,069 und in nächster Nähe des Landeplatzes von „Luna 16" gleich 0,105. Die unmittelbare Bestimmung am Handstück ergab 0,107. Im infraroten Bereich des Spektrums ist eine leichte Erhöhung des Albedos feststellbar.

Bei der mikroskopischen Untersuchung weist der lockere Mondboden einen kontrastreicheren Charakter als der Lockerboden der Erde auf. Der Regolith ähnelt auch nicht der Asche irdischer Vulkane. Zwei Typen von Teilchen können unterschieden werden, und zwar Teilchen von primärmagmatischen Oberflächengesteinen (Basalttyp) und Teilchen, die auf der Mondoberfläche eine beträchtliche Umbildung erfahren haben. Für erstere ist ein erstaunlich frisches Aussehen typisch. Sie zeigen eckige Formen und keinerlei Spuren einer Abrundung. Die Teilchen der zweiten Art zeigen offenkundige Spuren einer Aufschmelzung. Es sind zusammengebackene Teilchen von bizarren Formen. Sie können verglaste Oberflächen und Spuren sphärischer Aufschmelzungen (erstarrte Tropfen) aufweisen. Sie haben glasartiges oder metallisches Aussehen und ähneln den Tektiten der Erde. Mikroskopisch gesehen bestehen die Teilchen des Regoliths aus folgenden Gesteinsgruppen: Gabbro, Basalt, Anorthosit, Brekzien, Schlacken, Agglomeraten, Glas, Monokörnern und Kugeltröpfchen. Die Anteile der Teilchen in der Fraktion 0,45 mm zeigt Tab. 1.

Die Basaltteilchen kommen in zwei Ausbildungsformen vor, und zwar als kleinkörnige Basalte (mit Glas) und grobkörnige gabbroide Basalte. Beide besitzen ophitische Strukturen. Sie bilden $^1/_4$ der grobkörnigen Fraktion (über 0,45 mm). Die Hauptminerale dieser Gesteine sind Plagioklas, Pyroxen, Ilmenit und seltener Olivin. Ihre relativen Gehalte schwanken. Einzelne Teilchen besitzen den Charakter von Anorthositen.

Die Brekzien bestehen aus verfestigtem, brocken-

Aus: „Geochimija", Nr. 3 (1971), S. 261—273.

Tab. 1. Verbreitung der Teilchen verschiedener Gesteine in der Fraktion 0,45 mm in den Zonen A, B, C, D (%)

Gestein	A	B	C	D
Gabbro	13,1	17,5	8,1	15,2
Basalt	7,3	9,0	4,9	7,9
Anorthosit	1,1	3,7	2,5	4,5
Brekzien	33,9	41,4	35,5	8,3
Schlacken, Agglomerate	40,0	17,5	41,8	53,5
Glas, monomineralische Körner	2,3	4,0	6,2	6,1
Kugeltröpfchen	1,2	1,3	1,2	1,6
versch. Teilchen	1,2	5,7	–	2,6
allgem. Anzahl der Teilchen	838	297	2351	755
Gewicht der Fraktion (g)	0,230	0,100	0,560	0,260

artigem Material, das in unterschiedlichen Mengen alle Komponenten, einschließlich der Basaltteilchen, Eisen-Nickel-Legierungen usw. enthält. Die Brekzien sind mehr oder weniger stark zementiert und meist magnetisch. Sie machen 40% aller Teilchen aus.

Die Schlacken und Agglomerate stellen kleine zusammengebackene Teilchen von unregelmäßig verzweigten Formen dar. Sie enthalten alle Komponenten des Regoliths.

Glas, verglaste und verschlackte Teilchen bilden mehr als die Hälfte aller Teilchen des Regoliths. Sie zeigen an einer oder an mehreren Seiten Aufschmelzungen, die blasig, schlackig oder völlig glasig sind. Die Farbe der Teilchen schwankt in Abhängigkeit vom Eisen- und Titangehalt von Dunkelbraun bis Schwarz.

Nach der Form (birnenförmig, hantelförmig usw.) und dem Aussehen (durchsichtig, trübweiß, grünlich, undurchsichtig usw.) unterschiedliche glasige bis metallische Kugeltröpfchen (erstarrte Tropfen) treten besonders in den kleinen Fraktionen auf. Sie bilden sich bei Temperaturen, die weit über der Schmelztemperatur von Gesteinen liegen, in denen sie im geschmolzenen Zustand „zerspritzen".

Schließlich treten monomineralische Körner von Plagioklas, Olivin, Anorthit, Pyroxen, Spinell, Ilmenit und Eisenteilchen auf. Olivin kommt im Regolith nur in Form einzelner monokristalliner Splitter von regellos scharfkantiger Form vor sowie in den Gabbroteilchen. Es ist die Alpha-Modifikation des Olivins. Die verbreitetsten Minerale im Regolith sind Anorthit, Augit und Ilmenit. Anorthit tritt in kleinkörnigen Aggregaten im Basalt, Gabbro und den Kugeltröpfchen auf. Der Plagioklas hat eine trikline Symmetrie. Die Pyroxene sind vom Typ Augit-Pigeonit. Ilmenit wird oftmals in Verwachsung mit Augit aufgefunden. Auch dunkelfarbige monokristalline Chromspinelle konnten festgestellt werden.

Das magnetische Material wurde mittels der Mikroröntgenstrukturanalyse untersucht, wobei eine ungleichmäßige Verteilung von Fe, Ni, Cr, Ti, Si, Al, Mg und Ca beobachtet werden konnte. Zonen mit gesteinsbildenden Elementen wechseln mit Zonen erhöhter Gehalte an Eisen und Nickeleisen (6%); Ni-Gehalte etwa 1%. Verschiedentlich wurden Eisengehalte bis zu 66% und Nickelgehalte bis 6% bemerkt. Die Röntgenanalyse der Eisenteilchen zeigte, daß es sich bei diesen um Alpha-Teilchen handelt.

Parallel mit röntgenspektrometrischen, massenspektrometrischen, spektralanalytischen und aktivierungsanalytischen Untersuchungsmethoden, bei denen über

Tab. 2. Vergleich der Zusammensetzung des Regoliths und der kristallinen Gesteine der drei Meere (Makroelemente, in %; Spurenelemente, Teilchen auf eine Million)

Komponenten	Kristalline Gesteine			Regolith		
	Meer der Ruhe „Apollo 11"	Ozean der Stürme „Apollo 12"	Meer der Fruchtbarkeit „Luna 16"	Meer der Ruhe „Apollo 11"	Ozean der Stürme „Apollo 12"	Meer der Fruchtbarkeit „Luna 16"
SiO_2	41,0	40,0	43,8	43,0	42,0	41,7
Al_2O_3	12,0	11,2	13,65	13,0	14,0	15,83
TiO_2	10,0	3,7	4,9	7,0	3,1	3,39
FeO	19,0	21,3	19,35	16,0	17,0	16,64
MgO	8,0	11,7	7,05	8,0	12,0	8,78
CaO	10,0	10,7	10,4	12,0	10,0	12,49
Na_2O	0,5	0,95	0,38	0,54	0,40	0,34
K_2O	0,12	0,065	0,15	0,12	0,18	0,10
MnO	0,4	0,26	0,20	0,23	0,25	0,21
Cr_2O_3	0,6	0,55	0,28	0,37	0,41	0,28
ZrO_2	0,1	0,023	0,04	0,05	0,09	0,013
NiO	(0,007)	–	0,04	0,03	0,025	–
Rb	2,5	0,64	–	2,2	3,2	5,9
Ba	90	72	206	68	420	114
Sr	110	145	445	90	170	169
Yb	2,5	–	3,5	2,5	–	3,5
Y	250	51	54	130	130	58
Zr	700	170	300	400	670	347
V	45	88	42,5	42	64	61
Sc	110	50	20	55	47	27
Ni	55	54	147	250	200	190
Co	9	40	29	18	42	53
Cu	5	–	13	–	–	37
Li	15	5,5	–	15	11	10*)
Ga	6	–	11	–	–	4,9

* spektralanalytisch, alle übrigen massenspektrometrisch

Tab. 3. Th- und U-Gehalte (Teile auf eine Million)

Element	Regolith			kristalline Gesteine		
	„Apollo 11“	„Apollo 12“	„Luna 16“	„Apollo 11“	„Apollo 12“	„Luna 16“
Th	2,24 ± 0,06	6,0 ± 0,6	0,474 ± 0,05*)	2,9 ± 0,4	0,88 ± 0,09	1,14 ± 0,1 *)
U	0,59 ± 0,02	1,5 ± 0,2	0,1 ± 0,01*)	0,7 ± 0,1	0,24 ± 0,035	0,2 ± 0,02*)
Th/U	3,8	4,0	4,7	4,0	3,7	5,7

*) massenspektrometrische Bestimmungen

Tab. 4. Gehalte und Isotopenzusammensetzung der inerten Gase ($10^{-8} \cdot cm^3$)

Isotope	Meer der Fruchtbarkeit, Probe G 7	„Apollo 11“		
		SCHAFFER & ZAHRINGER	REYNOLDS	HINDENBERGER
He^4	18000000	11000000–19000000	29000000	9000000
He^4/He^3	2670	2540	2130	2770
Ne^{20}	340000	313000	530000	125000
Ne^{20}/Ne^{22}	12,80	12,4	12,85	12,6
Ne^{21}/Ne^{22}	0,00332	0,0340	0,00332	0,0352
Ar^{40}	53000	38500	57000	56000
Ar^{40}/Ar^{36}	0,98	1,1	1,126	3,04
Ar^{36}/Ar^{38}	5,26	5,20	5,19	5,08
Kr^{84}	22	21	37	8,5
Xe^{132}	8,5	10	4,6	2,2

70 Elemente bestimmt wurden, sind auch chemische Analysen angefertigt worden. Diese Untersuchungen zeigen übereinstimmend, daß die stofflichen Schwankungen des Regoliths aller ausgehaltenen Tiefenzonen gering sind, während sie gegenüber dem Basalt größer sind. Wird die Gesteinszusammensetzung der Proben von „Luna 16“ mit derjenigen von „Apollo 11“ und „Apollo 12“ verglichen (Tab. 2), so sind die Unterschiede ebenfalls unbedeutend, wenn man vom Gehalt an Titan, Zirkonium und anderen selteneren Elementen absieht.

Die Übereinstimmung der Titangehalte in den kristallinen Gesteinen und im Regolith nimmt der Autor als Hinweis dafür, daß der Regolith autochthon gebildet wurde. Aus den Gehalten von CaO und Al_2O_3 ergibt sich, daß die kristallinen Gesteine mafischer als der Regolith sein müssen. Erwähnenswert sind auch die hohen Gehalte an F, S, Cl u. a. Die Gehalte an Gold und Platinoiden sind im Regolith und den kristallinen Gesteinen sehr gering, obwohl sie in den Eisenmeteoriten um ein Mehrfaches höher liegen. Die Gehalte an Uran und Thorium sind der Tab. 3 zu entnehmen.

Die Bestimmung aller Seltenen Erden sowie die Isotopenanalyse sind noch nicht abgeschlossen. Die Isotopenanalyse von Li^7/Li^6 im Regolith ergab 12,28; K^{39}/K^{41} 14,00 ± 0,18; Rb^{85}/Rb^{87} (Mittel) 2,57 ± 0,04, d. h., die Isotopenzusammensetzung der Elemente entspricht derjenigen auf der Erde. In Meteoriten wird dagegen für Lithium eine Zerstörung der Isotope beobachtet. Unter dem Einfluß des Sonnenwinds treten Spaltprodukte auf. So wurden im Regolith Na^{22}, Al^{26} u. a. aufgefunden. Diese Spaltprodukte kommen jedoch nur bis zu geringen Tiefen vor (3 bis 5 cm). Diese Tatsache wird bei der Klärung der Bildungsbedingungen des Regoliths nützlich sein.

Der Regolith enthält Gase von ungewöhnlicher Zusammensetzung, deren Gehalt nicht von der Tiefe des Regoliths abhängig ist (Tab. 4). Die dominierende Komponente sind dabei Gase des Sonnenwinds, die sich von den Gasen der Erde und der Meteoriten unterscheiden. Die Konzentration der aufgefundenen Gase ist sehr hoch und mitunter größer als bei Objekten auf der Erde und in den Meteoriten.

Erste Altersbestimmungen nach der Rb/Sr-Methode, in erster Linie für die kleine Fraktion des Regoliths, ergaben ein Alter von $4{,}85 \cdot 10^9$ bis $4{,}25 \cdot 10^9 \pm 0{,}75 \cdot 10^9$ Jahre (im Mittel 4,45 und $4{,}65 \cdot 10^9 \pm 0{,}5 \cdot 10^9$ Jahre). Die Altersbestimmungen nach Gesteinen aus allen drei Meeren weisen ähnliche Werte auf. Diese weisen damit auf die Tatsache, daß das Alter des Mondes demjenigen der Erde entspricht. Ähnliche Werte wurden auch mit der Pb^{206}/Pb^{207}-Methode erhalten.

Der Autor zieht die folgenden allgemeinen Schlußfolgerungen aus dem vorliegenden Tatsachenmaterial. Die Mondgesteine sind Basalte mit entsprechenden Varietäten sowie der Regolith. Sie haben eine unterschiedliche Entwicklung durchgemacht. Die Proben von „Luna 16“, „Apollo 11“ und „Apollo 12“ sind nach ihren petrologischen, mineralogischen und chemischen Zusammensetzungen einander erstaunlich ähnlich, wenn auch im Detail Unterschiede vorhanden sind. Die Mondmeere sind Ebenen, die in der Frühzeit des Mondes von basischen Laven ausgefüllt wurden. In Abhängigkeit von den Bedingungen der Eruption, der Tiefe, den Temperaturen usw. trat eine Differentiation des einheitlichen Basalts auf, weshalb, nach Ansicht des Autors, vom Basalttyp ableitbare Gesteine, wie Anorthosite, Rhyolithe usw., noch aufgefunden werden. Die Mächtigkeit der Basaltkruste ist vorläufig noch unbekannt.

Das absolute Alter der lunaren Oberflächengesteine gleicht dem Erdalter. Die Mondmeere sind von einer unterschiedlich mächtigen Schicht von Regolith bedeckt, der das Ergebnis der Gesteinszertrümmerung unter hohen Temperaturen darstellt. Mit den vulkanischen Sanden im irdischen Bereich hat der Regolith nichts gemein. Er enthält geringe Mengen mafischer Elemente und ist daher leichter schmelzbar als das primäre Basaltgestein. Bei der Bildung des Regoliths spielt zweifellos die sogenannte Mond„verwitterung“ eine wichtige Rolle. Faktoren dieser Erscheinung sind einmal die Temperaturschwankungen, denen die Gesteine im Verlauf von Milliarden von Jahren zwischen Mondtag und Mondnacht ausgesetzt waren (etwa $\pm 100\,°C$), zum anderen die Bestrahlung der Mondgesteine durch den Sonnenwind, die kosmische Korpuskularstrahlung, das Vakuum, in denen die Mondgesteine existieren, und die möglichen Meteoriteneinschläge.

In welchem Umfang diese Faktoren die Stabilität der Mondgesteine beeinflussen, ist noch nicht zu beurteilen. Jedoch werden nach dem Autor der Sonnenwind und die galaktische Strahlung größere Effekte hervorrufen. In der Zone D des Regoliths wurden große Mengen solarer neutraler Gase festgestellt. Im Infrarotspektrum konnten Merkmale einer Bestrahlung des Regoliths gefunden werden. Durch diese Strahlung, die nicht tief eindringt, werden die Minerale zwar ihre Stabilität verlieren, eine Deformation des Kristallgitters wird entstehen, aber das Mineral wird im allgemeinen noch nicht zerstört.

Besondere Bedeutung haben nach dem Autor auch die Einschläge von Meteoriten, die mit kosmischer Geschwindigkeit aufprallend zur Zerstörung des Mondgesteins beigetragen haben könnten. Experimente und Berechnungen zeigten, daß 1 g Meteoritenstoff unter lunaren Bedingungen 2- bis 3mal mehr Material der Mondgesteine zu sprengen in der Lage ist als auf der Erde. Zum Schluß lenkt der Autor die Aufmerksamkeit auf den Umstand, daß der Prozeß der ausfließenden Basaltmagmen unter einem hohen kosmischen Vakuum erfolgte, was zu einem Verspritzen des flüssigen Magmas und einem schnellen Verlust seiner Gase und Fluide führte (im Experiment überprüft).

Die heute noch offenen Fragen der Stoffbilanz des Mondes werden auch für das Verständnis der geochemischen Prozesse auf der Erde, besonders in den ersten Milliarden Jahren ihrer Entwicklung, von Bedeutung sein.

Das Zitieren geologischer Karten als Beitrag zur wissenschaftlichen Information

GOTTFRIED SCHUBERT, Freiberg (Sa).

Geologische Karten gewinnen in der Fachliteratur ständig an Bedeutung, weil verschiedene Fachinformationen der geologischen Wissenschaften für eine optimale Aussage nur kartographisch dargestellt werden können. Die thematischen Karten der Geowissenschaften sind demgemäß selbständige wissenschaftliche Dokumente, die im wesentlichen graphische Informationen darbieten. TÖPFER (zitiert bei NISCHAN 1971) weist nach, daß die thematische Karte als Informationsspeicher in der Lage ist, als Modell der räumlichen Verteilung von Objekten und Erscheinungen auf der Erdoberfläche zu dienen. Der qualitative und quantitative Informationsgehalt derartiger Karten ist den Textdokumenten gleichzusetzen oder höher als diese einzustufen. Beispielsweise betrachtet SUCHOW (zitiert bei NISCHAN 1971) den Informationsgehalt von Karten als Sonderfall der Entropie und berechnete für 1 cm^2 Kartenfläche einen 22mal größeren Informationsgehalt gegenüber einem Buchtext.

Ältere und neuere geologische Karten bilden zusammen mit Textdokumenten die Grundlage für weitere Forschungsarbeiten, wissenschaftliche Abhandlungen und kartographische Darstellungen.

„Bekanntlich werden in jeder wissenschaftlichen Arbeit Ideen und Fakten vorangegangener Arbeiten auf diesem Gebiet genutzt. Der Rückgriff auf sie bezweckt, eine Bestätigung neuer Ideen zu erhalten, bereits früher geäußerte Gedanken weiterzuentwickeln oder ihre Richtigkeit und Zuverlässigkeit zu widerlegen. In jedem dieser Fälle stützen sich die Wissenschaftler auf Arbeiten ihrer Vorgänger, die analoge oder angrenzende Fragen untersucht haben. Diese Praxis entstand bereits vor Jahrhunderten und ist seit mehr als einem halben Jahrhundert in der wissenschaftlichen Arbeit verbindliche Norm. Sie dient geradezu als Kriterium für die Gewissenhaftigkeit einer wissenschaftlichen Publikation“ (MICHAJLOW, TSCHERNYJ & GILJAREWSKIJ 1970, S. 117).

Es sollte deshalb als selbstverständlich angenommen werden, daß von den Autoren wissenschaftlicher Arbeiten geologische Karten gleichwertig mit Textdokumenten zitiert werden, wenn aus solchen Karten Fakten und Ideen entnommen bzw. mit verarbeitet worden sind.

Im Gegensatz zur Textliteratur, die in der Regel nach den geltenden bibliographischen Vorschriften zitiert wird, führen manche Autoren die von ihnen benutzten thematischen Karten als Literaturzitat ungenügend, fehlerhaft oder überhaupt nicht an. Sprachwendungen wie „vorhandene Karten mitbenutzt“, „... außerdem wurden geologische Karten benutzt“ genügen teilweise einigen Autoren als Zitat. In derartigen Fällen fehlen die wichtigsten bibliographischen Angaben wie Autor, Herausgeber, Titel, Maßstab und Erscheinungsjahr der Karten, oder sie sind sehr unvollständig angegeben. Bei späteren Recherchen durch die Nutzer der Publikationen (Fragestellung: „Auf welche Arbeiten stützt sich der Autor?“) und bei der Informationsrecherche durch Informations- und Dokumentationseinrichtungen ist dann nicht immer genau oder überhaupt nicht festzustellen, welche wissenschaftlichen Informationen von den Autoren solcher Publikationen aus anderen kartographischen Unterlagen entnommen worden sind und um welche Dokumente es sich dabei handelte.

Derartige Versäumnisse können zu negativen Folgen im Prozeß der wissenschaftlichen Kommunikation führen; sie verletzen bewußt oder unbewußt die Rechte der Urheber (Kartenautoren bzw. Herausgeber) und können nicht zuletzt den Vorwurf des Plagiats einbringen. Nur dann, wenn sich jeder Autor bemüht, die von ihm benutzten wissenschaftlichen Dokumente — gleich welcher Art — vollständig und präzise zu zitieren, wird er zur Überwindung der Krise in der Informationsbewältigung und damit zum wissenschaftlichen Fortschritt beitragen können.

Literatur

MICHAJLOW, A. J., A. TSCHERNYJ & R. GILJAREWSKIJ: Grundlagen der Informatik, Bd. 1. — Staatsverlag der DDR, Berlin 1970.

NISCHAN, H.: Informationswissenschaften und thematische Kartographie. Beziehungen und Möglichkeiten der Nutzung von Erkenntnissen. — Vermessungstechnik, 19, H. 4, S. 149—153, Berlin 1971.

Eingang des Manuskripts in der Redaktion: 4. 10. 1971.

Zeitschrift für angewandte Geologie, Bd. 18 (1972), Heft 4

VII. Allunionstagung für die Verfestigung und Abdichtung von Gesteinen vom 31. 5. bis 3. 6. 1971 in Leningrad (UdSSR)

Die alle drei Jahre stattfindende wissenschaftliche Tagung für Verfestigung und Abdichtung wurde 1971 vom Allunionsforschungsinstitut für Hydrotechnik „W. E. WEDENEJEW" (WNIGG), Leningrad, im Auftrag der Ministerien für Energetik und Elektrifizierung sowie für das Hoch-, Mittel- und Fachschulwesen der UdSSR ausgerichtet. Unter den 350 Teilnehmern, vorwiegend aus der UdSSR, befanden sich auch Gäste aus den befreundeten sozialistischen Staaten.

Für die Tagung waren 185 Beiträge eingereicht worden, die den Teilnehmern in einem Sammelband „Materialien der VII. Allunionskonferenz für die Verfestigung und Abdichtung von Gesteinen", Verlag Energija, Leningrad, vorlagen. Die Arbeitstagung lief in der üblichen Form ab, indem Übersichtsberichte über die vorgegebenen Themenkomplexe gegeben, anschließend in mehreren Arbeitsgruppen die Diskussionen geführt und Kurzreferate der ausländischen Teilnehmer vorgetragen wurden. Abschließend erfolgten in einer Plenarsitzung die Berichterstattung über die Arbeit in den Arbeitsgruppen und die Erarbeitung einer Resolution mit den wichtigsten Ergebnissen und ein Programmvorschlag als Grundlage für die weiteren Forschungs- und Entwicklungsarbeiten. Die Tagung, die einen guten Überblick über den Stand der Entwicklung von Vergütungsmaßnahmen des Untergrunds für das Bauwesen und den Bergbau vermittelte, lief nach folgender Tagesordnung ab:

1. Plenarsitzung, Eröffnung, Übersichtsberichte;
2. Diskussionen und Kurzvorträge in den Arbeitsgruppen; Arbeitsgruppe 1: Vergütungen mit Zement und Bitumen; Arbeitsgruppe 2: Vergütungen mittels anorganischer und organischer Chemikalien; Arbeitsgruppe 3: Vergütungen mittels elektrischer, thermischer und anderer Verfahren;
3. Plenarsitzung: Berichte über die Arbeit in den Arbeitsgruppen, Diskussion und Bestätigung der Resolution;
4. Besuch von technischen Einrichtungen und Baustellen.

Der Übersichtsbericht über den Komplex „Vergütung mit Zement und Bitumen" wurde von Prof. A. N. ADAMOWITSCH gegeben. Zu diesem Thema wurden Vorträge eingereicht, die sich mit Fragen der Injektionen, der Bodenstabilisierung und Schlitzwandtechnik, insbesondere verfahrenstechnischen Aspekten unter Berücksichtigung der Eigenschaften von Gebirgen und Vergütungsmitteln, befaßten. Weiterhin wurden die qualitative und quantitative Bewertung der Vergütungsergebnisse, die physikochemischen Kennwerte von Vergütungsmitteln und aufbereitungstechnische Verfahren behandelt.

Prof. ADAMOWITSCH zeigte an Beispielen von Dichtungsschleiern bis zu Tiefen von 170 m für Talsperren auf kompliziertem geologischem Untergrund (z. B. bei Magadan) die Vielzahl der zu lösenden Probleme. Es kommen verschiedene Injektionsmittel zum Einsatz, die im Rahmen von ausführlichen Feldversuchen getestet werden, wobei ingenieurgeologische, geophysikalische Untersuchungen und Probeinjektionen komplex ausgewertet werden, was in vielen Fällen auch die Grundlage für Modelluntersuchungen im Labor bildet. Die Gründlichkeit der Voruntersuchungen schafft ein Höchstmaß an Sicherheit und gestattet exakte Projektierungen.

Prof. W. M. BESRUK zeigte anhand einer umfassenden Literaturauswertung, daß für oberflächennahe Vergütungen des Flugplatz-, Straßen- und Wegebaus sowie bei Verkehrsdammbefestigungen rund 250000000 m³ Lockergesteine stabilisiert worden sind. Diese Art der Verfestigung dient außer als Bau- oder Bauhilfsverfahren oft auch als Sicherung gegen Erosionen, insbesondere zur Verhinderung der äolischen Abtragung in Steppengebieten Kasachstans.

Die Anwendung der Stabilisierung geschieht nach den bekannten Verfahren unter Beachtung der Grenzkennwerte der Lockergesteine nach REHBINDER. Als Medien werden vielfach Zement und Kalk, daneben auch Hochofenschlacke und Flugasche verwendet. Die Entwicklung leitet auch hier zu den organischen Chemikalien hin. In der UdSSR spielt besonders die Temperaturbeständigkeit der Vergütung in großen Grenzen eine Rolle, da Stabilisierungen sowohl unter den Bedingungen des Wüstenklimas als auch in ewiger Gefrornis ausgeführt werden müssen.

Einen Überblick über den Komplex „Vergütung mittels anorganischer und organischer Chemikalien" gaben die Professoren W. A. RSHANITSCHYN und W. M. BESRUK. Hinsichtlich der Anwendung neuer Injektionsmittel hat in den letzten Jahren eine beachtliche Entwicklung eingesetzt. Es wurden Aufsätze über Eisenhydroxidkolmatationen, Tetrabuthyläther, Polyvinylalkohol, Akrylverbindungen, Furan- und Furfurolharze, Nebenprodukte der Petrolchemie u. a. m. eingereicht. Am meisten werden allerdings Wasserglas nach den bekannten Verfahren, CO_2-Silikatisierungen sowie Harnstoff- und Phenolharze angewendet.

Eine vorrangige Frage war die Beständigkeit von Wasserglasgelen; es wurde z. B. mikroskopisch festgestellt, daß verschiedene Kationen (z. B. SO_4^{--}) eine geringere Beständigkeit bewirken. Wichtige Impulse hat die Injektionstechnik auch in der UdSSR von der Erdölgewinnung erhalten. So werden z. B. heute auch in der Injektionstechnik Tenside eingesetzt, die die Strömungsbedingungen im Untergrund durch Hydrophobisierung oder Hydrophilisierung beeinflussen helfen.

Besondere Aufmerksamkeit wurde der Entwicklung ausgedehnter Anwendungsmöglichkeiten der Medien gewidmet. Man verfügt heute zur Injektion über geeignete Chemikalien, die verwässerbar und nichtverwässerbar sind und bei starken Grundwassergeschwindigkeiten, im basischen und sauren Bereich, bei niedrigen Temperaturen, bei hohen Drücken u. a. m. eingesetzt werden können.

Eine wesentliche Aufgabe wird darin bestehen, die Herstellungskosten, insbesondere der organischen Substanzen, zu senken, da ihr hoher Preis z. Z. nur den Einsatz für ganz spezielle Zwecke gestattet.

Die Übersicht über die Vergütungsverfahren, die insbesondere auf physikalischen Wirkprinzipien beruhen, gaben Prof. N. A. ZYTOWITSCH und Prof. TRUPAK. Es handelte sich dabei ausschließlich um Verfahren, die im Lockergesteinsbereich zur Anwendung gelangen.

Prof. ZYTOWITSCH unterschied Verfahren, die zur Verringerung der Porenzahl, und solche, die zur Erhöhung der Strukturfestigkeit angewendet werden. Zur ersten Gruppe gehören z. B. Auflastschüttungen, Walzen, Stampfen, Rütteln und die Anlage von Drains zur Grundwasserabsenkung. In die zweite Gruppe stellte er die thermischen und elektrischen Verfahren sowie die Injektionen und Bodenstabilisierungen.

Er gab einen Überblick über die Verfahren der ersten Gruppe, zeigte die wichtigste Problematik auf und ging besonders auf Fragen der Vertikaldräns ein. Es wurde damit ein wirtschaftliches Verfahren unter Einsatz von leistungsfähigen Geräten zur Herstellung von Dränpfählen für die Vergütung von weichem, wasserreichem Gestein eingeführt, das gegenüber den konventionellen Verfahren Einschränkungen der Vergütungszeit von 5 bis 10% ermöglicht.

Prof. TRUPAK sprach über neue Entwicklungstendenzen in der Gefriertechnik. Die Entwicklung geht zu der kreislauflosen Verwendung von flüssigem Stickstoff, was eine erhebliche Beschleunigung des Gefrierprozesses bedeutet. Man erreicht so Festigkeiten von 400 bis 500 kp/cm² bei Sanden und 50 kp/cm² bei Tonen und hohe Frostmantelstabilitäten. Da unterhalb von −80 °C bis −90 °C die Verbandfestigkeit des Gebirges nicht mehr zunimmt, kann dies als die zu erstrebende Temperatur der Gefriertechnik betrachtet werden. Für die Stickstofftechnologie sind anstelle der normalerweise 100 bis 150 mm ⌀ messenden Bohr-

Eingang des Manuskripts in der Redaktion: 1. 10. 1971.

löcher zur besseren Kälteübertragung Bohrungen von 300 bis 500 mm ⌀ zweckmäßig.

Es ist unmöglich, auf die vielen Beiträge einzugehen, die in den Arbeitsgruppen gegeben wurden. Hier wurde noch eine Vielzahl von ergänzenden Berichten vorgetragen. Besonders bemerkenswert erscheint mir die Forderung nach Bekanntgabe der Technologien für die einzelnen Verfahren (was übrigens auch auf die internationale Literatur zutrifft). Als genau so wichtig wurden die Konzentration der Kräfte und die Kooperation zur Erzielung einer höheren Effektivität in Forschung und Entwicklung angesehen.

Da die Vergütungstechnik in den letzten Jahren eine stürmische Entwicklung erfahren hat und auf diesem Gebiet in der Mehrzahl der Fälle die Spezialisten auf der Grundlage der Erfahrung arbeiten, wurde gefordert, dieses Wissensgebiet in den Lehrplan der Hoch- und Fachschulen aufzunehmen, um auch hier durch wissenschaftliche Durchdringung des Arbeitsgegenstands die Entwicklung auf eine exakte Basis zu stellen und zu beschleunigen. Die wichtigsten Forderungen der Resolution sind:

a) Da Vergütungen in zunehmendem Maße erforderlich sind, wird von den Hoch- und Fachschulen die Bereitstellung geeigneter Fachkader gefordert;

b) die Verbesserung und Vereinheitlichung von Ausrüstungen und Technologien;

c) Entwicklung von Verfahren zur Überwachung und Gütekontrolle der Vergütungen (es wird die Einrichtung eines Spezialbetriebs zur Entwicklung von Geräten und Verfahren vorgeschlagen);

d) im Interesse einer Ökonomisierung der Herstellung von Vergütungsmitteln soll überprüft werden, inwieweit es zweckmäßig ist, hierfür einen Chemiebetrieb vorzusehen;

e) Verbesserung des Erfahrungsaustauschs über Neuentwicklungen und Erfahrungen;

f) Schaffung einer Zeitschrift für Vergütungsfragen.

Zusammenfassend kann festgestellt werden, daß die „VII. Allunionstagung für die Verfestigung und Abdichtung von Gesteinen" eine sehr gute Übersicht über den Stand der Entwicklungsrichtungen in der UdSSR und in der Welt aufgezeigt hat. Es war deutlich zu beobachten, daß alle Referenten die Aufgaben ihres Fachgebietes im Zusammenhang mit der durch den XXIV. Parteitag beschlossenen Direktive und den Aufgaben im Bergbau und Bauwesen betrachten. Abschließend wurde bekanntgegeben, daß während des im nächsten Jahr in Moskau stattfindenden internationalen Baugrundkongresses eine Sektion für Verfestigungen und Abdichtungen arbeiten wird. Die VIII. Allunionstagung für die Verfestigung und Abdichtung von Gesteinen wird im Jahre 1974 voraussichtlich nach Taschkent oder Baku einberufen.

F. Reuter

Buchbesprechungen

Selley, R. C.

Ancient Sedimentary Environments

London: Chapman and Hall Ltd. 1970, 237 S., 72 Abb., 45 sh

Die kaum noch übersehbare Flut sedimentologischer Publikationen läßt vor allem den Nichtspezialisten immer wieder dankbar zu zusammenfassenden Darstellungen greifen. Für ihn wurde dieses Büchlein geschrieben.

Es beginnt mit Definitionen des sedimentären Milieus und der sedimentären Fazies sowie einer Einschätzung der Untersuchungsmethoden. Das physikalisch, chemisch und biologisch bestimmte sedimentäre Milieu wird als Schauplatz des exogenen Geschehens aufgefaßt, auf dem Abtragung, Ablagerung oder ein Gleichgewichtszustand zwischen beiden herrschen. Die sedimentäre Fazies ist das Produkt der Ablagerung, definiert durch Geometrie, Lithologie, Sedimentgefüge, Paläoströmungsrichtungen und Fossilien. Die Methoden der sedimentologischen Analyse werden nur kurz gestreift; Beachtung verdient die kritische Diskussion insbesondere der lithologischen Daten hinsichtlich ihrer Aussagekraft.

In den Hauptkapiteln werden die einzelnen Faziesräume behandelt. Vorangestellt ist jeweils eine Definition bzw. Charakterisierung, zumeist anhand rezenter Erscheinungsformen. Es folgen Beschreibung und Interpretation eines oder mehrerer typischer Beispiele, eine generelle Diskussion der Genese und der Identifizierungsmöglichkeiten sowie ein Ausblick auf Lagerstätten.

Der Klassifizierung der Sedimentationsräume liegen die konventionelle Einteilung sowie Gliederungen nach der Art des Ablagerungsvorganges, der Form des Faziesraumes bzw. dem Ort und dem Produkt der Sedimentation zugrunde. Bis auf die glazigenen werden alle wesentlichen Fazies erfaßt:

kontinental

fluviatil: Torridonian Nordwestschottlands mit Basal-, Grau- und Rotfazies; Devon von Südwales und den Catskill Mountains, USA: Catskill-, Pocono- und Chemung-Fazies (entsprechend mäandrierenden Flußsystemen, Stromgeflechten und Litoral);

äolisch: oberkarbonische bis oberjurassische Sedimente des Coloradoplateaus, USA: Verzahnung mariner, äolischer und fluviatiler Sedimente;

limnisch: Green-River-Formation (Eozän) der Rocky Mountains, USA: Rand- und Zentralfazies;

litoral

gelappte Küsten (Deltas): Karbon Nordenglands: Yoredale-Serie auf flachem Schelf in Verzahnung mit Schelfkarbonaten, Millstone Grit am Rand eines tiefen Beckens in Verbindung mit dessen Schwarzschiefern und Turbiditen (Mam-Tor-Serie und Shale Grit);

lineare Küsten: kretazische klastische Litoralsedimente der Rocky Mountains, USA: Kohlen-, Sand- und Schieferfazies; miozäne klastisch-karbonatische Litoralsedimente des Syrte-Beckens Libyen: Küstenebenen-, Watt-, Lagunen-, Barriere- und Off-shore-Fazies; karbonatische Litoral- und Schelfsedimente des Williston-Beckens (Mississippian), Nordamerika: Lagunen-, Barriere- und Beckenfazies;

marin

Riffe: Perm-Riffe von Westtexas, USA: Barriere-Riffe mit Lagunen- (Schelf-), Kalkarenit- und Riff-(Schelfrand-) und Beckenfazies; devonische Leduc-Riffe in Kanada: Atolle im weiteren Sinne mit Lagunen-, Riff- und Vorriffazies; *Schelf* (s. o.); *Turbidite:* Annot-Trog der Meeralpen (Obereozän bis Oligozän), Frankreich: Contes-(Fan-) und Peira-Cava-(Flysch-)Fazies; *pelagisch:* mesozoische Tiefseesedimente der Alpen: Aptychenmergel-, Radiolarienschiefer- und Ammoniticorosso-Fazies.

Die einzelnen Fazies und Subfazies werden zumeist im Gesamtrahmen beschrieben und interpretiert, so daß die Beziehung zu benachbarten Faziesräumen ersichtlich und der Zusammenhang gewahrt ist. Bei der Auswahl der Beispiele hat der Autor fast ausschließlich auf die angelsächsische Literatur und seine Erfahrungen als Sedimentologe auf Erdölfeldern Libyens und des Nahen Ostens zurückgegriffen.

Prinzipielle Wege der Faziesdiagnose werden im letzten Kapitel aufgezeigt. In der Regel führen sowohl deduktiv-subjektive („geologische") als auch empirisch-mathematische Verfahren zum Ziel. Der in beiden Fällen benötigte konzeptionelle Rahmen für die Klassifizierung der Daten ist mit dem Faziesmodell gegeben, das wegen der zahlreichen Parameter mathematisch definiert sein sollte. Dann ist es möglich, die Lage der Fazies im multidimensionalen System mittels der Faktoranalyse zu bestimmen. Gegenwärtig sind die Fazies nur unzureichend, da durchweg subjektiv definiert.

Mit dem Versuch, die Diagnosekriterien der Hauptfaziesräume zusammenzufassen, endet dieses leichtverständlich geschriebene und durch Zeichnungen einprägsam illustrierte Büchlein. Verzeichnisse der wichtigsten Publikationen am Ende jedes Kapitels ermöglichen ein tieferes Eindringen in den Stoff und geben auch dem Sedimentologen manch wichtigen Hinweis. G. KATZUNG

COTILLON, P.

Le Crétacé intérieur de l'arc subalpin de Castellane entre l'Asse et le Var — stratigraphie et sédimentologie

Paris: Bureau de Recherches géologiques et minières 1971, Mémoires Nr. 68, XVI und 313 S., 105 Abb., 8 Taf.

Die Untersuchungen wurden auf Anregung und unter Leitung von J. FLANDRIN, Prof. am französischen Erdölinstitut, durchgeführt. Das 2700 km² große Arbeitsgebiet liegt zwischen den Tälern der Asse im W und des Var im E und reicht im NW bis Chateauredon herauf; die Südgrenze fällt mit dem Ausstrich der Unteren Kreide auf dem Juraplateau der Haute-Provence zusammen. Der Verf. gliedert sein Gebiet in vier nach Form und Entstehung unterschiedliche Regionen. Ausschlaggebend für die Auswahl des Gebiets war der schnelle und häufige Fazieswechsel der Unteren Kreide im subalpinen Bogen von Castellane. Im N folgen die mächtigen pelagischen Kreidesedimente über Tithonkalken; im S liegen stark reduzierte neritische Serien der Unteren Kreide über den „Weißen Kalken" der Provence. Die Analyse der vielfältigen longitudinalen und besonders der radialen Faziesvariationen in diesem Niveau stützt sich auf biostratigraphische (Makro- uud Mikrofossilien), mikrographische und stratonomische Untersuchungen. Die sedimentologischen Analysen ließen den Sedimentationsrhythmus erkennen und gestatteten, den pelagischen Sektor des Beckens vom miogeosynklinalen Typ gegen den neritischen Sektor des provenzalischen Vorlandes abzugrenzen. Schließlich konnten noch die Entwicklung dieses Teils der subalpinen Ketten in der Unteren Kreide verfolgt und ihre Beziehungen zur Paläogeographie Westeuropas in dieser Epoche ermittelt werden.

Nach kurzem Vorwort, Zusammenfassung und eingehenderer Einführung in das Untersuchungsgebiet und Schilderung der angewendeten Untersuchungsverfahren im Gelände und im Labor ist der Stoff der eigentlichen Arbeit in vier Hauptabschnitte gegliedert, die wiederum weitgehend unterteilt sind: I. Stratigraphie (1 bis 80); II. Faziesänderungen der Unteren Kreide gegen den Bogen von Castellane (81 bis 170); III. Sedimentologie (171 bis 267); IV. Paläozeanographische Synthese (269 bis 287). Dem Literaturverzeichnis mit 448 Titeln folgt der Index der 655 zitierten Fossilien.

Für die im Nordostteil des Bogens von Castellane vom Berriasien bis Bédoulien fossilreich in pelagischer Fazies entwickelte Unterkreide ist eine neue Stratigraphie erarbeitet worden. Im Ostteil des Bogens ist auch neritische Fazies vorhanden, deren Faziesvariationen im Berrias und Valendis beachtlich sind. Daraufhin trennt der Verf. eine „östliche provenzalische Fazies" von der im Gebiet Aix—Marseille ausgebildeten westlichen provenzalischen Fazies ab.

Pelagische und neritische Fazies gehen in intermediären Folgen gemischter Bereiche in „hemipelagischer" Fazies ineinander über. Lokale sedimentäre Faktoren beeinflussen die im Ostteil des Bogens größere Sedimentationsgeschwindigkeit und -intensität. — Auch von einer Region in die andere variieren die Frühkreide-Serien. So geht z. B. die mergelige Fazies des Valendis seitlich in helle Provencekalke über. Eine „Neritisation" wurde nur in der Antiklinale von Gourdan beobachtet.

Die Mächtigkeitsverteilung zeigt die Entstehung der Sedimente in zwei großen Einheiten, in einem nördlichen, relativ tiefen Becken mit pelagischer biochemischer und feindetritischer Fazies und in einem südlichen, weniger tiefen Becken mit insgesamt neritischer, im Übergangsbereich an seinem Nordteil mit hemipelagischer Fazies. Diese beiden Becken sind lange Zeit durch ein untermeerisches Paläorelief getrennt gewesen. Glaukonit und Eisenoolithe sind auf die Basis des Hauterives beschränkt. So läßt auch die Sedimentation die doppelte Zugehörigkeit des Bogens von Castellane in der Unteren Kreide erkennen, dessen nördlicher Teil im alpinen, miogeosynklinalen Bereich liegt, wohingegen sein südlicher dem äußeren Vorlandbereich angehört.

Die vorliegende Arbeit führt methodisch recht gut in die Probleme der Unterkreide im Bogen von Castellane ein. In Auswertung umfassender Geländebeobachtungen wird auf Grund lithologischer, biochemischer, faunistischer und fazieller Vergleiche die Abhängigkeit des Sedimentationsablaufs von der Tektonik sowohl im engeren Arbeitsgebiet als auch im weiteren westeuropäischen Raum herausgestellt. Profilskizzen, Faunentabellen und Fossiltafeln unterstützen die textlichen Erläuterungen. Dem Verf. ist es ausgezeichnet gelungen, die Ergebnisse der verschiedenen Untersuchungsverfahren zu einer klaren Synthese zusammenzufassen und dabei ein Bild der Entwicklung der Früh- und Unterkreide in seinem Arbeitsgebiet zu entwerfen und dies noch in größeren kontinentalen Zusammenhang zu stellen.

Das BRG hat das Buch drucktechnisch gut ausgestattet und mit der Nr. 68 seinen Mémoires einen Band hinzugefügt, dessen Inhalt für Geologen, Stratigraphen, Paläontologen und Tektoniker große Bedeutung besitzt. K. DETTE

O. BRAITSCH

Salt Deposits, their Origin and Composition

Band IV der Reihe: Minerals, Rocks and Inorganic Materials; Monograph Series of Theoretical and Experimental Studies.

Herausgegeben von W. v. ENGELHARDT, T. HAHN, R. ROY, J. W. WINCHESTER, P. J. WYLLIE. —
Berlin—Heidelberg—New York: Springer-Verlag 1971. 297 S., 47 Abb., 72.—DM

Einem breiten Bedürfnis Englisch sprechender Geologen nachkommend wurde O. BRAITSCHS 1962 im gleichen Verlag erschienenes Buch „Entstehung und Stoffbestand der Salzlagerstätten", Band III der Serie: Mineralogie und Petrographie in Einzeldarstellungen (herausgegeben von W. v. ENGELHARDT und J. ZEMANN) von P. J. BUREK und A. E. M. NAIRN in Konsultation mit A. G. HERRMANN und R. EVANS übersetzt und als Band IV der oben genannten Reihe: „Minerals, Rocks and Inorganic Materials" herausgegeben.

Dieses Bedürfnis ergab sich einerseits dadurch, daß im englischsprachigen Schrifttum ein erstaunlicher Mangel an Büchern zu diesem Thema herrscht, zum anderen aber große Aktivitäten z. B. in den USA zum Thema Salz entwickelt wurden und werden. So fanden beispielsweise in den letzten knapp zehn Jahren drei bedeutende internationale Salzsymposien der Geologischen Gesellschaft von Nord-Ohio, USA, statt.

Das Buch O. BRAITSCHS erfüllt die gestellten Erwartungen durch seine Akribie, Vielseitigkeit, Vollständigkeit und Objektivität hinsichtlich Geochemie und Physikochemie. Die Stabilitätsverhältnisse der Salzminerale und physikalisch-chemischen Modelle, gegliedert nach Primärausscheidungen, Thermometamorphose, Lösungsmetamorphose und Dynamometamorphose, werden gleichermaßen behandelt wie die Beziehungen zwischen den natürlichen Salzfolgen und den physikalisch-chemischen Modellen, die quantitative Ableitung der Salzlagerstättenbildung und die sich daraus ergebenden geologischen Schlußfolgerungen und Probleme (vgl. auch die Rezension von E. STOLLE zur deutschen Ausgabe 1962, Bergakademie, **16**, 4/5, Leipzig 1964).

Zudem konnten auch Publikationen nach dem Erscheinen der deutschen Ausgabe 1962 und dem tragischen Unfalltod des Autors 1966 in gewissem Umfang durch das Zutun von A. G. HERRMANN (z. B. Tabelle 28) einfließen, wobei allerdings neuere Publikationen zur Genese, insbesondere der Kalisalze, von DDR-Autoren keinerlei Berücksichtigung fanden. In dem fast ausschließlich geochemisch und physikalisch-chemisch angelegten Werk finden sich nur gelegentliche Hinweise zur Stratigraphie, Paläogeographie und Petrographie. Damit war eine straffe, z. T. aber auch einseitige Konzentration auf das beabsichtigte Anliegen möglich. Insgesamt bildet das Buch eine wertvolle Ergänzung zu bereits vorhandenen salzgeologischen und salzlagerstättenkundlichen Werken.

In seiner Anlage, Gliederung und Aussage ist das Buch die wörtliche Übersetzung der Ausgabe von 1962. Leider wurden dabei aber nicht einige kleinere, wenig ins Gewicht fallende Unkorrektheiten der deutschen Ausgabe beseitigt, z. B. Verwendung von Schachtnamen aus der Zeit vor 1945, Verwendung einer älteren Darstellung (1935) bei der Karte Abb. 1, Beibehaltung von 4 statt 5 Zechstein-Zyklen, usw.). Literaturverzeichnis gemeinsames Autoren- und Sachregister sind gleichermaßen wie bei der deutschen Ausgabe von 1962 beigefügt.

Der deutschsprachige Leser kann und wird wohl weiterhin auf die deutsche Ausgabe des Buches von O. BRAITSCH zurückgreifen.
J. LÖFFLER

MILLOT, G.

Geology of clays

Berlin—Heidelberg—New York: Springer-Verlag 1970. 429 S., 85 Abb., 15 Tab., 61,— DM

Wegen ihrer Häufigkeit nehmen Tongesteine unter den Sedimentgesteinen einen hervorragenden Platz ein. Im Gegensatz zu den anderen weiter verbreiteten Sedimentgesteinen, den Sanden, Kiesen und Karbonaten, sind Stoffbestand und Gefüge der Tongesteine nur schwer und untersuchungstechnisch aufwendig zu ermitteln. Da sich in den vergangenen Jahrzehnten die Untersuchungsmethodik für feinkörnige Gesteine außerordentlich stark entwickelt hat und im Zusammenhang damit eine Fülle von Untersuchungsergebnissen vorliegt, ist eine Zusammenstellung der gegenwärtig vorliegenden Forschungsresultate für den Geologen besonders dann sehr zu begrüßen, wenn die Auswertung vom geologischen Standpunkt aus erfolgt.

Um die Genese von Tonen zu klären, werden in dem Werk von MILLOT allgemeingeologische, historisch-geologische, geochemische und mineralogisch-petrographische Fakten und Überlegungen miteinander verknüpft. Verf. gliedert den Stoff in 12 Großabschnitte: I. Die Tonminerale; II. Tonige Gesteine (Argillite); III. Geochemie der Ionen in der Hydrosphäre; IV. Die Stellung der Tone im geochemischen Zyklus; V. Verwitterung und Bodentone; VI. Tone der kontinentalen Sedimente; VII. Tone der marinen Sedimente; VIII. Entwicklung der Tonfraktion in einigen großen Sedimentserien; IX. Silizifizierung, Feuerstein und Wachstum der Kristalle; X. Genese der Tonminerale: Herkunft und Umwandlung; XI. Genese von Tonen: Neubildung und Synthese; XII. Oberflächengeochemie und der Silikatzyklus.

Im Abschn. I. werden kristallographischer Aufbau und chemische Zusammensetzung kurz abgehandelt und die Zusammenhänge zwischen den einzelnen Mineralgruppen erläutert. Gelegentlich geht Verf. auch auf allgemeine mineralogische Fragen ein, so auf die Begriffe Isomorphie, Isotypie und Homöotypie.

Der Abschn. IV. bildet den Auftakt zu der vom allgemeingeologischen Standpunkt aus geführten Diskussion über die Charakteristika der verschiedenen Tonminerale in den einzelnen Faziesbereichen. Nachdem Verf. den geochemischen Zyklus von GOLDSCHMIDT mit der von ihm entwickelten geodynamischen Interpretation der normalen Sedimentserien in Beziehung gesetzt hat, leitet er zu den drei großen Faziesbereichen über, in denen Ton auftritt: 1. Tone als Verwitterungsprodukt und ihre Rolle bei der Verwitterung von Böden (Abschn. V.); 2. Tone im kontinentalen Bereich (Abschn. VI.); 3. Tone im marinen Bereich (Abschn. VII.).

In Abschn. VIII. geht Verf. auf die Ausbildung der Tonminerale in Sedimentgesteinen vergangener Epochen ein. In altpaläozoischen Sandsteinen der Zentralsahara wird u. a. die Rolle der Tonminerale für die Erdölführung untersucht. Ähnlich ausführlich werden die Entstehungsbedingungen der tonigen Sedimente aus der Trias von Frankreich und Marokko sowie aus dem Tertiär Westafrikas erörtert.

Die wichtige Frage, die jedem historisch-geologisch arbeitenden Geologen bei der Beurteilung toniger Ablagerungen gestellt ist, wird in den Abschn. X. und XI. ausführlich diskutiert. 1. Sind die Tonminerale klastischer Natur? 2. Unterlagen sie im Zusammenhang mit bestimmten geologischen Prozessen bestimmten Umbildungen, d. h., sind die im Sediment angetroffenen Tonminerale durch Abbau (degradation) oder Aufbau (aggradation) entstanden? 3. Handelt es sich um Neubildungen?

Auf zahlreiche Beispiele für verschiedene Möglichkeiten wird verwiesen. In Verbindung mit der Neubildung von Tonmineralen sind die in Abschn. XI. aufgeführten Laborexperimente von Interesse. Mit einer Betrachtung über das geochemische Verhalten der Elemente, die an Tone geknüpft sind, sowie deren Beziehungen zu bestimmten Landschaftsbereichen schließt das Buch ab.

Angesichts der Stoffülle ist das Verfahren, jedes Kapitel durch eine kurze prägnante Zusammenfassung in Form von wenigen Leitsätzen abzuschließen, recht angenehm für den Leser.
S. DIENER

KOCH, G. S., jr., & R. F. LINK

Statistical analysis of geological data — Volume 2

New York, London, Sydney, Toronto: Verlag John Wiley & Sons, Inc., 1971. 438 S., 124 Abb., 148 Tab. im Text u. 5 Tab. im Anhang

Der vorliegende zweite Band des Werkes "Statistical analysis of geological data" von G. S. KOCH & R. F. LINK behandelt Methoden der multivariablen Statistik, Probleme der praktischen Anwendung zur Lösung geologischer Aufgaben und einige Fragen des Einsatzes von elektronischen Rechenautomaten. Wie der erste Band ist er in erster Linie für Geowissenschaftler bestimmt, wird aber auch den in der geologischen Forschung und Erkundung tätigen Technikern und Ökonomen empfohlen. Die Autoren bauen folgerichtig auf dem vor kurzem herausgegebenen ersten Band, der sich vorwiegend mit den allgemeinen Grundlagen der Statistik beschäftigt, auf. Die dort vermittelten Kenntnisse werden demzufolge vorausgesetzt.

Im ersten Teil des Buches werden zunächst ausführlich das mathematische Modell für die Trendanalyse erläutert und Beispiele für die zwei- und dreidimensionale Bearbeitung geologischer Daten angeführt. Für den Geologen dürften die Hinweise für den praktischen Gebrauch bei der Auswertung von besonderem Interesse sein. Anschließend wird auf die Methode der multiplen Regression, der Varianzanalyse, der Diskriminanzanalyse, der Faktoranalyse und der Analyse gerichteter Daten eingegangen. Ein weiterer Abschnitt beschäftigt sich u. a. mit der statistischen Analyse von Verhältnissen und der Auswertung von Dreiecksdiagrammen.

Der zweite Teil des Buches behandelt ausgewählte Probleme der Anwendung mathematischer Methoden bei der Suche und Erkundung von Lagerstätten. Unter anderem werden Fragen der geologischen Klassifizierung der Erkundungsgebiete, der optimalen Suche und Erkundung durch Bohrungen, der Klassifizierung von Lagerstätten, der Operationsforschung, der Probenahme und der Lognormalverteilung angesprochen. Praktische Beispiele und Illustrationen erleichtern das Verständnis der einzelnen Abschnitte. Besonders hervorzuheben ist die starke ökonomische Betonung des zweiten Teils, wodurch zweifellos eine starke Bereicherung des Stoffes im Hinblick auf den wirtschaftlichen Nutzen, der durch die Anwendung mathematischer Methoden bei der Suche und Erkundung von Lagerstätten erzielt werden kann, erfolgt ist.

Im dritten Teil des Buches werden in gedrängter Form einige Hinweise zum Einsatz von Rechenautomaten in der Geologie gegeben. Es werden Fragen der Anwendung, der Programmierung und der Technologie sowie der Erfassung, Speicherung und Wiedergewinnung geologischer Daten angeschnitten. Dieser Teil ersetzt jedoch in keiner Weise die Beschäftigung mit der speziellen Literatur zur elektronischen Datenverarbeitung.

Das nun vollständig vorliegende zweibändige Werk "Statistical analysis of geological data" ist im Vergleich zu ähnlichen Büchern wohl die bisher umfangreichste Zusammenstellung von statistischen Methoden für Geologen. Eine große Anzahl von praktischen Beispielen sowie mehrere Abbildungen und Tabellen erleichtern das Studium des recht übersichtlich gegliederten Stoffes. Zu den einzelnen Kapiteln gehörende umfangreiche Literaturverzeichnisse ermöglichen ein weiteres Eindringen in die Problematik. Im Anhang befinden sich einige Tabellen, eine Liste der benutzten mathematischen Symbole und ein Indexregister.
H. KNAPE

KASTNER, H.

Statik des Tunnel- und Stollenbaus auf der Grundlage geomechanischer Erkenntnisse

Berlin—Heidelberg—New York: Springer Verlag 1971. 2. neubearbeitete Auflage, 269 S., 121 Abb., 168 Lit. 58,— DM

Die Neuausgabe des Buches wird sicher von vielen Interessenten, den Ingenieuren in Projektierung, Ausführung und Überwachung, Studierenden einschlägiger Fachrichtungen sowie Hoch- und Fachschullehrern der Geotechnik, des Bergbaus und Bauwesens begrüßt, handelt es sich hierbei doch um ein Werk, das Tradition besitzt und bereits in der ersten Auflage großen Anklang fand.

Verf. arbeitet in seiner Abhandlung des Stoffes mit instruktiven Beispielen und Fotos, die dem Inhalt Lebendigkeit verleihen, obwohl mathematische Ableitungen breiten Raum einnehmen. Die Darlegungen sind im allgemeinen gut verständlich, und es bedarf wohl kaum der Bitte des Verf., dem theoretischen Teil Verständnis entgegenzubringen. Das Buch ist für Lehr- und Lernzwecke empfehlenswert.

Vom Titel her kann man nicht erwarten, daß praktische Belange im Vordergrund stehen. Der Schwerpunkt liegt eindeutig auf der mathematisch-mechanischen Fundierung des Stoffes. Daraus ergibt sich auch der Wert für den projektierenden Ingenieur, der sich im Tunnel- und Stollenbau besonders mit den Fragen der Ausbaudimensionierung und der Ausbaumethode in Abhängigkeit vom primären und sekundären Spannungszustand des Gebirges zu beschäftigen hat. Etwas zu knapp scheint das Gebiet der Ausbruchsmethodik mit den weitreichenden Auswirkungen auf den Sekundärspannungszustand im Gebirge und den sich daraus ergebenden Bemessungsfragen behandelt worden zu sein. Es wäre besonders wertvoll zu erfahren, welchen meßbaren Nutzen beispielsweise schonende Spreng- und Ausbruchsverfahren hinsichtlich der Ausbaudimensionierung haben und wie die Zusammenhänge überhaupt zu sehen sind.

Verf. erbringt den Nachweis, daß er das Fachgebiet der Tunnelbaustatik beherrscht und umfangreiche Literatur gesichtet hat. Die Orientierung an zeitlich zurückliegenden Informationsquellen ist dabei allerdings nicht zu übersehen. Wenige Quellen sind jüngeren Datums als 1960. Daraus ließe sich schlußfolgern, daß der Tunnelbau ein weitgehend abgeschlossenes Fachgebiet ist, über das es in neuerer Zeit kaum etwas zu berichten gäbe. Das aber dürfte wohl nicht zutreffend sein.

An der einen oder anderen Stelle werden Begriffe verwendet, die hierzulande nicht geläufig sind. Beispielsweise ist von Einpreßkolben bei Kontaktinjektionen die Rede, worunter sicher Bohrlochpacker zu verstehen sind. Weiterhin ist nicht bekannt, welcher Menge 300 lt Sand entsprechen. In der Spritzbetontechnologie werden Zementvorgaben von 130 bis 140 kg/m^3 notiert, die sicher zu niedrig sind und nicht als repräsentativ gelten können. Möglicherweise handelt es sich hier um ein Versehen.

Die Zeichnungen sind mit wenigen Ausnahmen von ausgezeichneter Qualität. Im einzelnen ist die Darstellung Nr. 84 verbesserungsfähig, während die Abbildung 98 ganz und gar der notwendigen Anschaulichkeit entbehrt.

Es bleibt jedem Leser selbst überlassen, darüber zu urteilen, ob und in welchem Maße die Statik durch technologische Details ergänzt werden sollte. Verf. selbst hat sich für technologisches Beiwerk entschieden und spricht damit auch den Kreis der Praktiker an. Es ist aber unverkennbar, daß dies in dem Werk mit unterschiedlicher Betonung geschah, was nicht uneingeschränkt unterstützt wird. Einzelne Kap. sind von der praktischen Seite her zum Vorteil der Gesamtanlage des Buches ausbaufähig.

Der Gesamteindruck der Ausgabe wird von diesen Hinweisen nicht berührt. Das Buch wird über den Kreis von Kennern hinaus weiter empfohlen. W. LANGE

RICHTER, D.

Ballen und Kissen (ball-and-pillow structure), eine weitverbreitete, bisher wenig bekannte Sedimentstruktur

Opladen: Westdeutscher Verlag 1971, Forsch.-Ber. Land Nordrhein-Westfalen Nr. 2184, 47 S., 47 Abb., 33,80 DM

Bisher wenig beachtete Sedimentationsphänomene von kugeliger, häufiger aber kissen-, nieren-, ballen- oder brotlaibförmiger Gestalt mit konvexer Unterseite und ebener bis konkaver Oberseite sowie mit mehr oder weniger starker seitlicher Aufbiegung bzw. Aufrollung der internen Feinschichtung werden aus paläozoischen, mesozoischen und känozoischen Sedimenten Europas und Nordamerikas beschrieben und hinsichtlich ihrer Genese analysiert.

Diese synsedimentären Deformationsstrukturen bleiben grundsätzlich auf eine Bank beschränkt. Ihre Größe reicht von Zentimeter- bis Metererstreckung. Sie liegen perlschnurartig nebeneinander oder treten mehrfach übereinander in der Wirtsbank auf. Zwischen diesen Körpern entstanden Aufstiegs- und Aufwirbelungszonen, die dem tieferen Teil der Wirtsbank entstammen und nach oben meist einen allmählichen Übergang in die horizontale Feinschichtung im Hangenden der Strukturen zeigen. Die Strukturen selbst bestehen in allen untersuchten Fällen aus Mittel- bis Feinsand bzw. aus einem Gemisch von Mittel- und Feinsand sowie Silt, während es sich bei dem die Strukturen umgebenden Material vorwiegend um Silt mit einem hohen Anteil von Ton bzw. siltigen oder reinen Ton handelt.

Eine Deutung als subaquatische Rutschung scheidet aus, da Vergenzen, Schleppungen, Kleinfalten oder Fältelungen sowie Massengewinne und -verluste nicht beobachtet werden. Obwohl eine gewisse Ähnlichkeit mit convolute bedding und load casting nicht zu leugnen ist, sollen hier jedoch eigenständige Formen vorliegen, die aus komplizierten Schwerkraft- und Auftriebsbewegungen resultieren. Derartige Deformationen entstehen, wenn spezifisch schwereres (gröberes) Material über hydroplastischem Schlamm mit hohem Wassergehalt abgesetzt wird und das Korngerüst der metastabilen Pelitschicht infolge zu großer oder ungleichmäßiger Belastung zusammenbricht, wobei sich die schwimmende, gröber detritische Lage schollenförmig auflöst und gravitativ einsinkt, während der mobile Schlamm diapirartig aufsteigt. Die absinkenden Schollen werden deformiert und können im weiteren Verlauf des Verformungsprozesses auch seitliche Verlagerungen erfahren.

Für diese Strukturen findet man im internationalen und deutschen geologischen Schrifttum eine Vielzahl z. T. irreführender und falscher Bezeichnungen. Der Autor hält für vernünftig und wünschenswert, dem von SMITH (1916) geprägten Begriff „ballen- und kissenförmige Strukturen" vorerst den Vorzug zu geben, da er nur im morphologischen Sinne benutzt wurde. Eine Verwechslung mit Kissenlaven dürfte in der Kombination mit „Ballen" ausgeschlossen sein.

Mit diesem kurzen Bericht wird die Aufmerksamkeit auf Sedimentationsgefüge gelenkt, die zweifelsohne zur Gruppe der synsedimentären Deformationsstrukturen gehören und sich lediglich im Erscheinungsbild von den als „Belastungssackungen" (load castings) bekannten Formen unterscheiden. Genetisch bestehen insofern Zusammenhänge, als die Deformation — wohl infolge extrem niedriger Dichte sowie größerer Mächtigkeit und damit extremer Mobilität der den Psammit unterlagernden hydroplastischen Pelitschicht — hier weiter fortgeschritten ist und zur Auflösung der Psammitschicht geführt hat. Flammen- und Zungenstrukturen stellen ein Bindeglied dar. Diese Zusammenhänge werden in dieser sonst vorzüglichen, durch Fotos und Zeichnungen sehr gut illustrierten Publikation nicht erörtert.

G. KATZUNG

LOPUCHIN, M. M.

PATTERN-Methode zur Planung und Prognostizierung wissenschaftlicher Arbeiten

Moskau: Verlag Sowjetskoje Radio 1971. Ca. 150 S.

Ausgehend von einer kurzen Darlegung politischer und historischer Aspekte einer straff organisierten Wissenschaftsplanung erläutert die Arbeit anhand zahlreicher konkreter Beispiele aus der Praxis Prinzipien und Details der PATTERN-Methode. Sie demonstriert ihre Vorteile und die erzielten Erfolge und überzeugt hinsichtlich der Notwendigkeit einer verstärkten Nutzung der dieser Methode eigenen Prinzipien. Das Material enthält zahlreiche Angaben und Auszüge aus langfristigen strategischen Projekten der USA, die wissenschaftsorganisatorisch über PATTERN vorbereitet, geleitet und kontrolliert werden.

Die Arbeit ist nicht auf die geowissenschaftliche Organisationspolitik zugeschnitten. Ihr Anliegen trägt weitgehend universellen Charakter. Umfangreiche Beispiele aus der Problematik der langfristigen Kosmosforschung, unter Einbeziehung kosmologischer und geophysikalischer Einzelbeispiele, bieten jedoch interessante Anhaltspunkte für die Nutzung der beschriebenen Methode zur langfristigen Vorbereitung und Bearbeitung geowissenschaftlicher Aufgaben.

Von besonderer Bedeutung ist ein hinreichend umfangreiches Kapitel zur kritischen Analyse des Systems PATTERN und zu den sich bietenden Möglichkeiten seiner Weiterentwicklung. H. BARTZSCH

Neuerscheinungen und Literaturhinweise

PAWLOWA, N. N.

Klüftigkeit und Gesteinszerstörung
Moskau: Verlag Nauka 1970. 94 S., 123 Lit.

RUBILIN, E. W., & W. A. DOLOTOW

Genese und Geographie der Waldböden der europäischen Waldsteppe der UdSSR
Leningrad: Leningrader Universität 1970. 69 S., 3 S. Lit.

...

Problems of palaeogeomorphology
Moskau: Verlag Nauka 1970. 322 S.

BLACK, R. M.

The elements of palaeontology
Cambridge: Verlag Univ. Press 1970. 339 S., 1 S. Lit.

...

Probleme der Morphologie und der Neotektonik des Tafelgebietes Sibiriens
Nowosibirsk: Verlag Nauka 1970, 282 S.

...

Stratigraphie und Tektonik der Mongolischen Volksrepublik
Moskau: Verlag Nauka 1970. 147 S.

KUZNEZOW, E. A.

Kurzer Lehrgang der Petrographie magmatischer und metamorpher Gesteine
Moskau: Moskauer Universität. 324 S.

MURATOW, W. N.

Die Geologie der Kaustobiolithe
Wyssaja skola 1970. 359 S., 169 Lit.

PERZUK, L. L.

Das Gleichgewicht der gesteinsbildenden Minerale
Moskau: Verlag Nauka 1970. 390 S., 588 Lit.

SENDEROW, E. E., & N. I. CHITAROW

Zeolites, their synthesis and conditions of formation in nature
Moskau: Verlag Nauka 1970. 282 S., 20 S. Lit.

SOBOTOWITSCH, E. W.

Bleiisotope in der Geochemie und Kosmochemie
Moskau: Verlag Atomisdat. 1970. 348 S., 476 Lit.

Informationen

DDR Mitglied der „Welterdölkongresse"

Der Exekutivrat der Organisation „Welterdölkongresse (World Petroleum Congresses)" hat auf seiner letzten Tagung in London beschlossen, das „Nationalkomitee der DDR" als Vollmitglied in die Gemeinschaft aufzunehmen. Dieser internationalen Organisation gehören alle bedeutenden erdölfördernden und -verarbeitenden Länder an, unter ihnen die UdSSR, die USA, Venezuela usw. Der Vorsitzende des Nationalkomitees der DDR, WERNER FROHN, teilte daraufhin mit, daß unsere Sektion entsprechend der Satzung an dem Erfahrungsaustausch auf dem Gebiet der Erdölwirtschaft und der Erdöltechnologie mitarbeiten wird.

Erdölförderung in der dänischen Nordsee für 1972 geplant

Kurz nach der vertraglichen Festlegung der westdeutsch-dänischen Festlandsockelgrenze gab das dänische Konsortium Pläne über die Aufnahme der Erdölförderung im südlichen Teil der dänischen Nordsee bekannt. Danach soll im ersten Halbjahr 1972 die Förderung von Erdöl in kleinem Umfang aufgenommen werden. Das Dansk Untergrunds Consortium hat zu diesem Zweck in den USA eine Produktionsplattform bestellt.

Der genaue Standort für diese Plattform ist noch nicht endgültig festgelegt worden, da die Ergebnisse weiterer Untersuchungsbohrungen darauf noch Einfluß haben können. Als nächste Bohrung wurde die Lokation Nordsø M 1 — 55° 28′ N und 05° 08′ E — in Angriff genommen. Seismische Untersuchungen in der nächsten Zeit sollen weitere Lokationen ausmachen. Die bisherigen Explorationsbohrungen im dänischen Teil der Nordsee haben zu der Auffindung von Erdöl und Erdgas in vier Strukturen geführt. Sie tragen die Bezeichnung A, E, H und I, nach der Reihenfolge der Bohrungen. Die Strukturen E und H führen vor allem Gas. Es handelt sich jedoch um Funde von sehr begrenztem Umfang. Außerdem liegen sie in Kreideschichten, die nach allgemeiner Erfahrung verhältnismäßig ungünstige Fördermöglichkeiten bieten. Deshalb ist an den Bau einer Pipeline zur Küste hin nicht zu denken.

Es wurde jedoch nach sorgfältigen Untersuchungen ein System entwickelt, um Erdöl aus der A-Struktur zu fördern und in einem Tanker zwischenzulagern. Diese Struktur ist durch die Bohrungen „Dansk Nordsø A-1" und „A-2" als ölführend ausgewiesen. Die voraussichtliche Ausbeute wird auf 200000 t/a geschätzt. Die geologischen Verhältnisse und die begrenzten Mengen an Erdöl und Erdgas in den anderen drei Strukturen lassen eine Ausbeute nicht lohnenswert erscheinen.

Es ist vorgesehen, aus fünf Bohrungen zu fördern. Diese Produktionsbohrungen sollen von einer Hubinsel aus gebohrt werden, die zeitweilig über der Produktionsplattform stehen wird, da diese nicht zur Aufnahme von Bohrgerät eingerichtet ist.

Erdölsuche im marinen Bereich

Bei dem sprunghaft steigenden Verbrauch an Erdöl spielt die Geophysik für die Sucheffektivität eine große Rolle, deren Umfang und Qualität sich enorm vergrößerten. Das gilt besonders hinsichtlich der Meeresvermessung. Spezialisierte Vermessungsschiffe tasten in einem Monat 2400 km seismische Vermessungslinien ab, was in Wüsten 1 Jahr, im Urwald sogar drei Jahre in Anspruch nehmen würde. Man ist jetzt imstande, in 6100, aber auch 9150 m Wassertiefen Wölbungen und Verwerfungen des Untergrunds zu kartieren. Unter günstigen Umständen wird es demnächst möglich sein, das Vorhandensein von Erdöl oder Erdgas aus geophysikalischen Aufzeichnungen direkt abzulesen.

Entwicklung der Erdölsuche

Zwischen 1960 und 1971 hat sich der Erdölverbrauch der Welt mehr als verdoppelt. Er dürfte bis 1979 oder 1980 nochmals um 100% zunehmen. Will man das Verhältnis zwischen nachgewiesenen Vorräten und jährlicher Förderung von 20:1 aufrechterhalten, so sind bis 1985 900 Mrd. Barrel Erdöl zu erkunden. Dabei spielt die Nähe zu den Großverbrauchern eine Rolle. In Westeuropa werden Vorkommen mit 1 Mill. B als lohnend angesehen, während im Nahen Osten Erdöllagerstätten unter 250 Mill. B als nicht entwicklungsfähig eingeschätzt werden.

Alaska-Pipeline

Das Alaska-Pipeline-Projekt ist jetzt von seiten des Staates als die beste Lösung zum Abtransport des in der Prudhoe-Bay gefundenen Erdöls anerkannt worden. In einem vorläufigen Bericht zu Fragen des Umweltschutzes wird offiziell die Meinung vertreten, daß diese Pipeline die vernünftigste und am schnellsten zu verwirklichende Lösung darstellt, das Alaska-Rohöl auf den Markt zu bringen. Außerdem wirft eine Pipeline die geringsten Probleme bezüglich des Umweltschutzes auf. Damit dürften sämtliche anderen Vorschläge, das Rohöl von Alaska nach den USA zu transportieren, darunter andere Rohrleitungsstraßen durch Alaska und auch durch Kanada, wie Unterwasser- und Eisbrechertanker, hinfällig geworden sein. Die Gesamtlänge der Pipeline wird rd. 1254 km betragen. Inzwischen sind bereits über 1000 km 48″-Rohre auf drei verschiedenen Lagerplätzen in Alaska eingetroffen. Weitere 250 km sollen in Kürze von japanischen Herstellern ausgeliefert werden.

Ausbau einer Phosphoritgrube in der Syrischen Arabischen Republik

Mit polnischen Fachleuten und Maschinenlieferungen aus der VR Polen wird derzeit in der Syrischen Arabischen Republik eine Grube auf Phosphorit zum Abbau vorbereitet. Die Förderkapazität ist dem Vernehmen nach auf 600000 t pro Jahr angelegt. Die erste Baustufe steht bereits vor dem Abschluß.

100-km-Förderband für die Sahara

Über ein 100 km langes Förderbandsystem sollen ab 1972 2000 t/h Rohphosphat von der Mine Bucraa zum Atlantik transportiert werden. Die Gesamtstrecke setzt sich aus elf Bandeinheiten mit Längen zwischen 9 und 11 km zusammen. Weitere technische Daten der Anlage: Gurtbreite 1000 mm, Gurtgeschwindigkeit 4,5 m/s, Betriebszugkraft bis 45 Mp, Abstand der Tragrollengirlanden 4 m im Obertrum, 8 m im Untertrum und drei Antriebstrommeln je Bandabschnitt. Um das Fördergut vor Verwehungsverlusten zu schützen, wird das Bandtraggerüst überdacht. Die Lebensdauer der Gesamtanlage wird auf 20 Jahre veranschlagt. Besondere Maßnahmen werden gegen die hohe Verschleißwirkung des feinen Wüstensandes getroffen. Für die Überwachung der Anlage wurde ein neuartiges Wartungs- und Kontrollsystem entwickelt. Inspektionsfahrzeuge fahren auf den Blechträgern mit einer Geschwindigkeit von 10 km/h. Schadhafte Rollen werden durch akustische Detektoren aufgespürt. Mit dem Einsatz von elf derartigen Fahrzeugen ist eine Inspektion der Gesamtanlage innerhalb von 24 Stunden möglich.

Bodenseewasser zum mittleren Neckar

Der Zweckverband Bodensee-Wasserversorgung plant, im Jahre 1973 mit dem Bau eines neuen Albstollens von 74 km Länge zu beginnen. Diese Maßnahme dient vor allem der Trinkwasserversorgung der Gebiete am mittleren Neckar. Der zukünftige Stollen soll mit einem Gefälle von 27 m erbaut werden. Die Erfahrungen haben gezeigt, daß diese Lösung für die Wasserversorgung wirtschaftlich ausführbar ist und geringere Kosten verursacht als die Anlage großer Vorratsbehälter.

Stark ansteigender Energiebedarf

Die VIII. Weltenergiekonferenz, die Mitte des Jahres 1971 in Bukarest tagte, beschäftigte sich mit der Verbesserung des Energieeinsatzes, unter besonderer Berücksichtigung der komplexen Nutzung. 2500 Experten aus 51 Ländern tauschten ihre Erfahrungen aus. Die DDR ist seit 1969 offizielles Mitglied dieser Konferenz. Die interessanten neuen Anregungen und Hinweise ergaben, daß in den letzten Jahren der Energiebedarf in allen Ländern stark gestiegen ist. In den nächsten Jahren wird mit einem weiteren schnellen Wachstum gerechnet. Parallel dazu vollzieht sich ein Strukturwandel hinsichtlich des raschen Wachstums der Elektroenergie und der dabei notwendigen Kernenergie. Gleichzeitig werden die fossilen Brennstoffe immer stärker gefragt. Dies gilt besonders für die Erdgaslagerstätten. Auf dem Gebiet der Kernkraftwerke dominieren die thermischen Reaktoren, insbesondere die Druckwasserreaktoren.

Die Optimierung des komplexen Energieträgereinsatzes steht in allen Ländern der Welt auf der Tagesordnung. Die Wärmeversorgung für Großstädte und die Meerwasserentsalzung durch Kernkraftwerke werden bereits bis zum Jahre 1980 eine große Bedeutung erlangen.

Die auf der Konferenz erörterten Probleme zeigten, daß die Arbeiten der DDR zur komplexen Energieversorgung mit an führender Stelle stehen.

Kurznachrichten

Auf der Halbinsel **Mangyschlak** (im Kaspischen Meer) wird gegen Ende des Planjahrfünfts mit der Gewinnung von 26,5 Mill. t **Erdöl** und 5,8 Mrd. m³ **Erdgas** gerechnet. Diese Menge ist das 2,5fache im Vergleich zu dem vergangenen Fünfjahrplan.

Zum Abschluß von neuen Untersuchungen über die **Erdölvorräte** von **Saudi-Arabien** wurde geschätzt, daß dort zur Zeit Reserven von 20 Mrd. t vorliegen. Wie das Ministerium für Erdöl und Bodenschätze bekanntgab, ist darin auch die Hälfte der für die Neutrale Zone geschätzten Reserven enthalten.

Aus dem Fernen Osten der **Sowjetunion** wird die Entdeckung weiterer wichtiger mineralischer Rohstoffe gemeldet. Es handelt sich vor allem um **Zinnerzlagerstätten** nahe Komsomolsk am Amur und Quecksilberlagerstätten im Raum von Chabarowsk. Des weiteren sind reiche Achatvorkommen im Einzugsgebiet des Flusses Nora festgestellt worden.

Das neuerrichtete **Zink- und Bleibergwerk** Pomorzany bei Olkusz (Wojewodschaft Kraków) soll 1972 mit der Erzlieferung beginnen. Die **VR Polen** ist einer der größten Zinkexporteure der Welt und liegt z. Z. an achter Stelle der zinkfördernden Länder der Erde.

Unter dem Namen „Halimba III“ steht die **größte Bauxitgrube** Europas im **ungarischen** Bakonygebirge vor ihrer Fertigstellung. Mit einer geplanten Produktion von 400000 t im Jahre 1972 trägt sie wesentlichen Anteil an der Erfüllung des ungarisch-sowjetischen Tonerde- und Aluminiumabkommens.

Ingenieure des **sowjetischen** Werkes für Schwermaschinenbau „Uralmasch“ haben eine **Bohranlage** für Tiefbohrungen bis zu **15 km** projektiert. Mit Anlagen dieses Typs soll das in Angriff genommene Projekt zur Untersuchung des oberen Mantels der Erdkruste ausgeführt werden.

In den nächsten Jahren werden in der **UdSSR** sieben neue **Kernkraftwerke** in verschiedenen Bezirken des Landes errichtet. Das Perspektivprogramm auf diesem Sektor sieht vor, daß die installierte Leistung bis 1980 mehr als 10000 MW erreicht.

Als Arbeitsgebiete für das 1966 gegründete gemeinsame Komitee der **UdSSR und Japans** sind in Aussicht genommen: Erdgaslagerstätten von Sachalin, der Bau einer Erdölpipeline zwischen Tjumen und Nachodka, der Abbau einer Kupferlagerstätte im Udokangebiet, die Gewinnung von Kokskohle und der Eisenerzabbau in Jakutien.

Die **peruanische Regierung** billigte ein vorläufiges Abkommen mit der **VR Polen** über die Erkundung und Gewinnung von Bodenschätzen in Peru. Der Vertrag sieht geologische Forschungen in den Gebieten von Oio und Alto Chira vor.

Im Einzugsgebiet des Taigaflusses Lotka haben Speläologen von **Archangelsk** in der Nähe des Weißen Meeres ein **Höhlengebiet** entdeckt, das als größtes von Nordeuropa angesprochen wird. Es liegt bereits eine Karte über dieses Gebiet vor. Dieser ist zu entnehmen, daß sich eine der unzähligen Höhlen über 5 km Länge erstreckt.

In den nächsten Heften

der

Zeitschrift für angewandte Geologie

erscheinen u. a. folgende Beiträge

W. SCHÜTZENMEISTER: Die Böden des Bezirkes Leipzig — Möglichkeiten und Probleme ihrer Melioration

R. SCHINDLER: Standardgesteinsproben des ZGI. 5. Mitteilung: Stand der Spurenelementanalyse der Gesteine GM, TB, BM und KH

G. SUDERLAU, K. BRENDEL, F. KAMMERER & H. SCHOOF: 15 Jahre Senkungsmessungen in der Mansfelder Mulde und ihre Bedeutung für den vorbeugenden Katastrophenschutz

J. KRONEMANN: Zur Bestimmung von Vorratspreisen. Bericht über ein RGW-Seminar zu Fragen der wertmäßigen Bestimmung der Vorräte mineralischer Rohstoffe vom 20. bis 24. April 1971 in Berlin

W. W. LJACHOWITSCH & T. T. BALANOWA: Die mittleren Gehalte und die Zusammensetzung der Seltenen Erden in den Akzessorien von Granitoiden

G. SCHWAB: Zur Interpretation lithologisch-paläogeographischer Karten mit Hilfe eines einfachen Klassifizierungsverfahrens

N. JU. USPENSKAJA: Prinzipien zur Rayonierung von erdöl- und erdgasführenden Schichten und zur Klassifikation von Erdöl- und Erdgasakkumulationen

M. WAGNER: Die Nutzung von Bohraufschlüssen der Geophysik bei der hydrogeologischen Gebietsanalyse

R. GRÄBE: Analyse der metallogenitischen Faktoren stratiformer sulfidischer Geosynklinallagerstätten

W. A. BUSCH & L. G. KIRJUCHIN: Über die Verbreitung der subsequenten Effusiva des Jungpaläozoikums in Mitteleuropa

G. BEHRENS & M. WAGNER: Erfahrungen mit dem Einsatz einer Gamma-Sonde bei hydrogeologsichen Bohrungen

W. BEYER: Die Elementkonzentrationen in den Ozeanen und deren Bodensedimenten

H. CHR. RICHTER: Gleit- und Scherverhalten ebener und unebener mechanisch wirksamer Trennflächen

R. MEINHOLD: Stand der organisch-geochemischen Forschung in bezug auf erdölgeologische Probleme

H. GRASSMANN: Die Standardgesteinsproben des ZGI. 6. Mitteilung: Neue Auswertung der Analysen auf Hauptkomponenten der Proben Granit GM, Basalt BM, Tonschiefer TB, Kalkstein KH und erste Auswertung der Proben Anhydrit AN und Schwärzschiefer TS

Herausgeber: Prof. Dr. KARL SCHMIDT, Direktor des Zentralen Geologischen Instituts im Auftrag des Staatssekretariats für Geologie beim Ministerrat der Deutschen Demokratischen Republik. Für die kollektive Chefredaktion: Dr. K. KAUTER (Redaktionssekretär), Berlin. Redaktion: 1054 Berlin, Kastanienallee 69 (Fernsprecher 2262080 u. 2262081). Verlag: Akademie-Verlag GmbH, 108 Berlin, Leipziger Str. 3–4 (Fernsprecher 220441, Telex 0112020, Postscheckkonto: Berlin 35021). Bestellnummer des Heftes 1047/18/4. Alleinige Anzeigenannahme DEWAG-WERBUNG, 102 Berlin, Rosenthaler Str. 28–31, und alle DEWAG-Betriebe in den Bezirksstädten der DDR. Exportpreis: M 6,—, Sonderpreis für die DDR: M 2,— je Heft. — Satz und Druck: VEB Druckhaus „Maxim Gorki", 74 Altenburg. Veröffentlicht unter der Lizenznummer 1279 des Presseamtes beim Vorsitzenden des Ministerrates der Deutschen Demokratischen Republik

FSC
www.fsc.org
MIX
Papier | Fördert gute Waldnutzung
FSC® C083411

Zeitfracht Medien GmbH
Ferdinand-Jühlke-Straße 7
99095 Erfurt, Deutschland
produktsicherheit@kolibri360.de